舌尖上的美味 厨房里的幸福

好吃好做
DAZHONG JIACHANGCAI

大众家常菜

300例

编著◎范 海

中国人口出版社
China Population Publishing House
全国百佳出版单位

U0278228

图书在版编目(CIP)数据

好吃好做大众家常菜300例／范海编著.—北京：中国人口出版社，2012.9
（好吃好做系列）
ISBN 978-7-5101-1373-4

Ⅰ．①好… Ⅱ．①范… Ⅲ．①家常菜肴－菜谱 Ⅳ．①TS972.12

中国版本图书馆CIP数据核字（2012）第214496号

好吃好做大众家常菜300例

范海 编著

出版发行		中国人口出版社
印	刷	北京旺银永泰印刷有限公司
开	本	720毫米X1000毫米 1/16
印	张	6.5
字	数	120千字
版	次	2012年10月第1版
印	次	2012年10月第1次印刷
书	号	ISBN 978-7-5101-1373-4
定	价	15.80元

社	长	陶庆军
网	址	www.rkcbs.com
电子邮箱		rkcbs@126.com
电	话	(010) 83534662
传	真	(010) 83519401
地	址	北京市西城区广安门南街80号中加大厦
邮	编	100054

第1章　家常腌拌熏卤菜

第2章　家常煎炸熘炒菜

第3章　家常焖烧炖煮菜

第4章　家常主食糕点粥

家常腌拌熏卤菜

凉拌土豆丝

用料 土豆、青椒、葱花、香油、花椒、米醋、酱油、精盐、鸡精

做法 ①土豆去皮洗净，切丝，放入冷水中过一下，捞出沥水，放入沸水锅中煮至七成熟，投凉沥水；青椒洗净切丝。将土豆丝、青椒丝码到比较大的盆里。②锅内加香油烧热，加入花椒、葱花，炸出香味，趁热浇到码好菜的盆中，加入精盐、鸡精、米醋、酱油，拌匀装盘即成。

· **主厨小窍门** ·

土豆丝切好后要立即放入凉水中漂洗，将淀粉漂掉，否则土豆丝会变色。

蓑衣黄瓜

用料 黄瓜，干辣椒圈、白糖、精盐、味精、香油

做法 ①黄瓜洗净，横放于案板上，刀与黄瓜成45°角，竖直切下，但不要切断，切到瓜身2/3处，再翻转到另一面，竖着均匀切下，同样切到瓜身2/3处，即成蓑衣黄瓜。②碗中倒入开水，放入干辣椒圈、白糖、精盐、味精、香油，调匀，放凉即成调味汁，再放入切好的黄瓜，腌24小时即可。

· **饮食一点通** ·

补中益气，生津养颜。

凉拌芦笋

用料 芦笋、青椒、红椒圈、洋葱、白糖、米醋、胡椒粉、精盐

做法 ①青椒、洋葱分别洗净，切末；芦笋洗净切段，入沸水锅烫熟，捞出凉凉。②将白糖、米醋、精盐、胡椒粉各取适量混合调匀，倒入芦笋中，加入青椒末和洋葱末拌匀，点缀红椒圈即可。

· 饮食一点通 ·
　芦笋含多种维生素和微量元素，配以具有燃脂功效的青椒和具有护肤功效的洋葱，既营养又美容。

嫩姜拌莴笋

用料 莴笋、嫩姜、精盐、香油、白糖、米醋、酱油、鸡精

做法 ①莴笋去皮，洗净切条，入沸水锅焯烫3分钟，控干水分，装入碗中。②嫩姜、精盐、白糖、米醋、鸡精、酱油调匀，倒在莴笋条上，滴入香油，拌匀即可。

· 饮食一点通 ·
　健胃消食，补脾益气。

生拌甘蓝

用料 圆白菜、紫甘蓝、炸花生米、黄瓜、彩椒、精盐、鸡精、酱油

做法 ①圆白菜、紫甘蓝均洗净，切成小块。②炸花生米去皮压碎；黄瓜、彩椒均洗净，切小片。③圆白菜块、紫甘蓝块、黄瓜片、彩椒片、碎花生倒入大碗内，调入精盐、鸡精、酱油，拌匀，装盘即可。

· 饮食一点通 ·
　预防贫血，减肥美容，防衰老，抗氧化，抗癌。

蒜拌空心菜

用料 空心菜、蒜、酱油、精盐、味精、香油

做法 ①将空心菜择去老根，切段，放开水锅中焯一下，捞出控干水分，凉凉备用。②将蒜剥去皮，洗净剁成蓉状，与酱油、味精、精盐、香油一起拌匀，浇在空心菜上，调匀即可。

·饮食一点通·
　　空心菜含蛋白质、脂肪、糖类、无机盐、烟酸、胡萝卜素、维生素B_1、维生素B_2、维生素C。

椒蓉木耳菜

用料 嫩木耳菜、小青辣椒、小红辣椒、香油、精盐、味精、葱末

做法 ①将木耳菜择洗干净，切长段，放入沸水锅中稍煮，捞出，控净水分，凉透放入盘中。②小青辣椒、小红辣椒均洗净，剁成细末成蓉状。把辣椒、葱末、精盐、味精、香油一同放入碗中调匀，浇在木耳菜上拌匀即可。

·饮食一点通·
　　补充维生素和矿物质，润肠通便。

水豆豉拌南瓜

用料 老南瓜、酱油、泡姜、白糖、泡辣椒、味精、葱花、辣椒油、水豆豉、香油

做法 ①老南瓜削皮洗净，切成长条，入蒸笼隔水蒸至软熟不烂时取出，凉凉，装盘码齐。②水豆豉、泡辣椒、泡姜分别剁细，放入碗中，加入酱油、白糖、味精、辣椒油、香油调匀成味汁，浇在南瓜条上，撒上葱花即成。

·饮食一点通·
　　利尿通便，清热解毒。

凉拌山药丝

用料 山药、葱丝、姜丝、水发木耳、白糖、米醋、香油、精盐

做法 ①山药去皮洗净，切成细丝，用凉水冲洗浸泡，放入沸水中焯熟捞出，再入凉开水中过凉，捞出沥水。②木耳洗净，切成细丝，入沸水中焯透，捞出过凉，沥水。③山药丝、木耳丝、葱丝、姜丝同倒入大碗中，加精盐、香油、米醋、白糖调匀，装盘即可。

·饮食一点通·

健脾益胃，助消化。

群英荟萃

用料 白萝卜、胡萝卜、水发海蜇、柿子椒、黄瓜、精盐、味精、白糖、香油、醋

做法 ①白萝卜、胡萝卜分别洗净，切丝；水发海蜇切丝，焯水，用冷水洗净；柿子椒洗净，去蒂、去子，切丝；黄瓜洗净，切片。②取一大碗，放入胡萝卜丝、白萝卜丝、海蜇丝、柿子椒丝、精盐、味精、白糖、醋、香油拌匀，倒入盘中，放入黄瓜片装饰即可。

·饮食一点通·

清热保肝，祛湿降脂。

简易泡菜

用料 胡萝卜、蒜薹、泡椒、泡椒水、卤水、白醋、白糖、味精、香油

做法 ①蒜薹洗净切段，略焯片刻；胡萝卜去皮洗净，切细条，略焯。②取泡菜坛，加卤水、泡椒、泡椒水、白醋、胡萝卜、蒜薹拌匀，盖上盖，置于冰箱中冷藏2小时以上。③食用时取出，加白糖、味精、香油拌匀即可。

·饮食一点通·

健脾开胃，降血脂。

橙汁荸荠

用料 荸荠、橙汁、白糖、水淀粉

做法 ①荸荠洗净，去皮，切块，焯熟，沥干备用。②锅内倒入橙汁加热，加入白糖，用水淀粉勾芡，调成汁。③将调汁淋在荸荠上，拌匀，腌渍入味即可。

·饮食一点通·
　　荸荠口感甜脆，营养丰富，含有蛋白质、脂肪、粗纤维、胡萝卜素、B族维生素、维生素C、铁、钙、磷和碳水化合物。

剁椒蜜豆

用料 蜜豆、香油、剁椒、蒜末、精盐、鸡精

做法 ①蜜豆洗净，放入沸水锅焯熟，捞出凉凉，切成两半。②剁椒、蒜末放入大碗中，加入蜜豆、香油、精盐、鸡精拌匀即可。

·饮食一点通·
　　润肠通便，排毒养颜。

麻辣蒜泥拌豆角

用料 豆角、蒜末、精盐、白糖、味精、香油、花椒油、辣椒油、香菜末

做法 ①豆角择洗干净，入锅焯熟，捞出放凉，切段。②取一盘，放入豆角段，加入精盐、白糖、味精，拌匀，腌渍片刻。③炒锅倒入香油烧热，放入蒜末爆香，关火，加入花椒油、辣椒油、香菜末，搅匀后浇到豆角上，拌匀即可。

·饮食一点通·
　　健脾补肾，和胃消食。

芝麻拌苦瓜

用料 苦瓜、芝麻、精盐、醋、香油

做法 ①苦瓜洗净，对剖成两半，切成薄片，放入盐水中浸泡一下，捞出沥水。②炒锅烧热，放入芝麻，小火炒香，取出放凉，碾碎，加少许盐拌匀，即成芝麻盐。③取一盘，放入苦瓜片，加入醋、精盐拌匀，腌渍片刻，撒上芝麻盐，淋上香油即可。

· 饮食一点通 ·

益气清热，解毒利水。

家乡拌老虎菜

用料 洋葱、腌疙瘩、干辣椒、植物油、醋、精盐、味精、香油、香菜

做法 ①洋葱、腌疙瘩切成丁；干辣椒切碎；香菜洗净，切丁。②洋葱丁、腌疙瘩丁、干辣椒、香菜丁同入碗中，加入植物油、醋、精盐、味精、香油拌匀即可。

· 饮食一点通 ·

之所以叫老虎菜，一是辣椒与姜、葱、蒜的辣相比应首推为王，与老虎齐名；二是这菜很开胃，一吃此菜饭量大增，吃起来都如狼似虎。

豆瓣姜片

用料 生姜、蚕豆瓣、精盐、白糖、味精、香油

做法 ①将生姜洗净去皮，切成薄片，拌入白糖和精盐，装坛密封，7天后即成甜姜片。②蚕豆瓣洗净，入沸水锅中，略焯后捞出，加精盐、味精，与甜姜片一起加香油拌匀即可。

· 主厨小窍门 ·

应选择色黄皮薄、组织细密、新鲜肥嫩的嫩姜为原料。

农家花生

用料 花生、小米辣、蒜薹、蚝油、黄豆

做法 ①花生去皮；小米辣切圈；蒜薹切丁；黄豆煮熟备用。②把原料放入大碗内，加入蚝油拌匀腌渍2小时即可。

·饮食一点通·

　　花生具有很高的营养价值，内含丰富的脂肪和蛋白质。

花生米拌熏干

用料 花生、熏豆腐干、香菜、葱丝、植物油、酱油、白糖、香油、花椒油、辣椒油、醋

做法 ①将熏豆腐干切成方丁；香菜洗净沥干切碎；花生米用微波炉或者用烤箱或者用锅炒香。②炒锅倒油烧热，放入熏豆腐干丁炒至表面金黄。③将炒香的花生、香菜末、葱丝和炒好的熏豆腐干丁放入盘中，加入酱油、白糖、香油、花椒油、辣椒油、醋拌匀即可。

·饮食一点通·

　　补充植物蛋白，减肥瘦身。

茴香苗拌皮蛋

用料 茴香苗、皮蛋、料酒、红椒圈、胡椒粉、姜末、白糖、蚝油、精盐、香油

做法 ①茴香苗切段；皮蛋切小丁。②茴香苗、皮蛋放入碗中，加入料酒、胡椒粉、白糖、蚝油、精盐、香油调匀，撒入红椒圈、姜末即可。

·饮食一点通·

　　皮蛋也称松花蛋，较鸭蛋含更多矿物质，脂肪和总热量却稍有下降，它能刺激消化器官，增进食欲，促进营养的消化吸收，但亦不可多食。

麻辣藕片

用料 鲜藕、鸡精、花椒油、米醋、白糖、红尖椒、精盐

做法 ①鲜藕去外皮，洗净切片，入沸水中焯透，捞出投入凉开水中过凉，沥水；红尖椒洗净，切片。②藕片倒入盘中，加精盐、米醋、花椒油、鸡精、白糖、红尖椒片拌匀即可。

> · 饮食一点通 ·
>
> 健脾益胃，养血补虚。

水煮毛豆

用料 毛豆、八角、花椒、小茴香、精盐

做法 ①毛豆洗净；八角、花椒、小茴香，放入调料包内。②锅内放毛豆、精盐和水，下入调料包同煮至沸，中火煮10分钟左右关火即可。

> · 主厨小窍门 ·
>
> 不盖锅盖煮毛豆是保证毛豆煮好后依然碧绿的关键。

拌金针菇

用料 金针菇、胡萝卜丝、木耳丝、香菜段、精盐、鸡精、蚝油、香油

做法 ①金针菇去蒂洗净，切段；胡萝卜丝、木耳丝、金针菇段同入沸水锅烫熟，捞出沥干，凉凉。②金针菇段、胡萝卜丝、木耳丝、香菜段同入大碗中，加入精盐、鸡精、蚝油、香油拌匀，装盘即可。

> · 饮食一点通 ·
>
> 增强记忆力，开发智力。

素卤香菇茭白

用料 香菇、茭白笋、卤肉汁

做法 ①香菇洗净、泡软，表面切十字花；茭白剥去外壳，洗净切片备用。②锅中倒入卤肉汁、水，用大火煮滚，再放入香菇、茭白，转小火焖煮5分钟，盛出装盘即可。

> **·主厨小窍门·**
> 茭白含草酸较多，所以制作前要过水焯一下，或开水烫后再进行烹调。

泡椒杏鲍菇

用料 杏鲍菇、柿子椒、泡椒、芹菜、柠檬、精盐、白醋、姜片、蒜瓣

做法 ①杏鲍菇洗净，切片，放入沸水锅煮软，捞出凉凉；柿子椒洗净，切条；胡萝卜去皮，洗净，切条；芹菜去叶，洗净，切条；柠檬洗净，切片。②锅中倒入适量冷水，放入泡椒、柠檬、精盐、白醋、姜片、蒜瓣，中火煮10分钟后放冷。③取一大碗，放入杏鲍菇、芹菜、柿子椒，倒入冷好的汤汁，再浸泡15分钟即可。

招牌拌凉粉

用料 凉粉、蒜末、虾米、精盐、白糖、醋、芝麻酱、香油、辣椒油、芥末油

做法 ①凉粉切块，放入凉水中浸泡；香油、辣椒油、芥末油、芝麻酱同入碗中调匀，再加入精盐、白糖、醋制成调味汁。②凉粉、虾米、蒜末同放大碗中，加入调味汁，拌匀即成。

> **·饮食一点通·**
> 开胃健脾，增进食欲。

红油腐竹

用料 腐竹、精盐、鸡精、辣椒油

做法 ①腐竹用温水泡制回软；将泡制好的腐竹洗净，切丝，余水，过凉沥水。②腐竹丝倒入大碗内，调入精盐、鸡精、辣椒油，拌匀即可。

·饮食一点通·

清热润肺，止咳消痰，健胃消食。

拌豆腐

用料 豆腐、香葱、枸杞子、精盐、香油

做法 ①豆腐入沸水中焯透，捞出凉凉，切丁；香葱去除老叶洗净，改刀切丁。②将豆腐丁、香葱丁倒入大碗内，调入精盐、香油拌匀，装盘，装饰枸杞子即可。

·饮食一点通·

补钙，益气和中，通阳解毒。

腐皮三丝

用料 豆腐皮、香菜、青尖椒、红尖椒、酱油、精盐、料酒、白糖、香油

做法 ①豆腐皮切成丝；香菜切成段；青尖椒、红尖椒切成丝。②将豆腐皮丝、青尖椒丝、红尖椒丝放入大碗中，加入酱油、精盐、料酒、香菜段、白糖调匀，盛入盘中，淋香油即成。

·饮食一点通·

健脑益智，抗菌消炎。

麻香海带

用料　海带、芝麻、大蒜、番茄、精盐、香油

做法　①海带切丝；大蒜剁成蓉；番茄洗净切成丝。②海带丝、番茄丝放入大碗内，加入芝麻、蒜蓉、精盐调匀，腌渍出味，淋入香油即可。

· 饮食一点通 ·
　海带含碘，有防治缺碘性甲状腺肿的作用。

苦苣脆耳卷

用料　苦苣、五花肉、熟芝麻、圣女果、卤水、辣椒酱、葱花

做法　①五花肉洗净，入卤水锅中卤熟，捞出入冰水中浸泡，沥干，切成片；苦苣洗净，沥干。②将肉片卷入苦苣叶，装盘，淋上辣椒酱，撒葱花、熟芝麻，点缀圣女果即可。

· 饮食一点通 ·
　苦苣具有消炎解毒的作用。

黄瓜拌腱子肉

用料　猪腱子肉、黄瓜、精盐、鸡精、蚝油、米醋、香油

做法　①黄瓜洗净去皮，切斜刀块，加少许精盐略腌，滗去水；猪腱子肉洗净。②锅置火上，倒入水，下入腱子肉烧沸，调入精盐，小火煮熟，捞出放凉，切片。③将腱子肉、黄瓜倒入大碗内，调入鸡精、蚝油、米醋、香油，拌匀即可。

· 饮食一点通 ·
　补中益气，清热生津，强身健体。

拌猪肚

用料 猪肚、青柿子椒、红柿子椒、花椒油、蒜末、精盐、酱油

做法 ①猪肚泡发切丝；青柿子椒、红柿子椒切丝。②猪肚丝、青柿子椒丝、红柿子椒丝加入花椒油、精盐、酱油拌匀，盛入盘中，撒上蒜末即可。

·饮食一点通·
　　猪肚具有治虚劳羸弱，泄泻，下痢，小便频数，小儿疳积的功效。

民间老坛子

用料 鸡爪、猪耳、猪尾、白萝卜、青柿子椒、红柿子椒、精盐、红糖、白酒、姜块

做法 ①白萝卜洗净，切片；青、红柿子椒分别洗净，去蒂、去子，切块。鸡爪、猪耳、猪尾分别洗净，放入沸水中煮熟，捞出沥水。②取一坛，放入所有材料，加入精盐、红糖、白酒、姜块、凉开水，密封腌2天即可。

·饮食一点通·
　　补铁，养血，补血。

风味水晶

用料 猪皮、卤料包、酱油、精盐、鸡精、白糖、辣椒油、蒜末、酱油

做法 ①猪皮洗净氽水，刮净油脂，用温水洗净改刀；辣椒油、蒜末、酱油调匀成味汁。②净锅上火，倒水，下入猪皮，加入卤料包烧沸，调入酱油、精盐、鸡精、白糖，煮至猪皮熟烂，稍凉，起锅倒在大碗内，凉至成冻，改刀切块，码入盘内，浇入味汁即可。

·饮食一点通·
　　猪皮可改善微循环，加速红细胞和血红蛋白生成，强化肌腱韧性等。

冰镇糟猪蹄

用料 猪蹄、葱段、姜片、香叶、香糟卤、料酒

做法 ①将猪蹄刮去猪毛洗净，切成小块，放入沸水锅氽3分钟，捞出，洗去浮沫。②锅内加入清水、料酒、葱段、姜片、香叶，将猪蹄放入锅中，旺火烧沸后加料酒，用小火焖烧60分钟。③将煮好的猪蹄过凉水，洗去猪蹄表面的浮油，泡在凉水中充分降温至冷却，放入盛器，加入香糟卤并淹没猪蹄，加盖入冰箱冷藏腌渍一夜，第二天取出即可食用。

香卤猪耳

用料 猪耳、生菜叶、葱段、姜片、料酒、八角茴香、桂皮、花椒、精盐、卤汁

做法 ①猪耳去毛洗净，切去耳根肥肉；生菜叶洗净，铺盘底。锅内倒水烧沸，放入猪耳，大火煮5分钟，捞出冲净。②另锅点火，倒入卤汁，放入葱段、姜片、料酒、精盐、八角茴香、桂皮、花椒，大火烧沸，放入猪耳，小火卤90分钟，捞出猪耳，切条，放在生菜叶盘中即可。

五香牛肉

用料 净牛肉、葱段、姜片、料酒、白糖、精盐、酱油、卤料包

做法 ①净牛肉切大块，入沸水锅氽净血渍，捞出沥干。②炖锅内加入适量清水，放入卤料包，加入葱段、姜片、料酒、白糖、精盐、酱油，大火烧沸，放入牛肉块，中火焖至牛肉熟烂，捞出，凉透后切片即成。

·主厨小窍门·

　　卤好的牛肉最少在通风处晾一个小时，至水分收干，不但口感好，而且能切薄片，成形而不散。

白切鸡

用料 白条鸡、蒜末、姜末、精盐、白糖、味精、胡椒粉、辣椒油

做法 ①锅内倒入适量冷水烧沸，放入鸡，煮至八成熟捞出，剁块，煮鸡原汤留用。②取一大碗，舀入煮鸡原汤，加入蒜末、姜末、精盐、白糖、味精、胡椒粉，搅匀，放入鸡块，拌匀，腌渍1小时，捞出装盘，淋辣椒油即可。

·饮食一点通·

温中益气，养胃健脾。

烟熏鸡腿

用料 鸡腿、精盐、味精、白糖、茶叶、大米、香油、老汤、卤料包

做法 ①将鸡腿冲净血水，放入开水中稍烫一下，捞出备用。②锅中加入卤料包、精盐、味精、白糖、老汤，烧开后放入鸡腿，用小火酱约50分钟。③取铁锅一只，先在锅底均匀地撒上一层大米，再撒上茶叶和白糖，然后架上一个铁箅子，将鸡腿放在上面，盖严锅盖，用旺火烧至锅内冒出浓烟时离火。④待烟散尽后取出鸡腿，趁热刷上香油，改刀切块即可。

卤鸭下巴

用料 鸭头、姜、生抽、老抽、料酒、香叶、八角茴香、桂皮、白糖、植物油

做法 ①把鸭头对半切开，鸭头上半部分不要，留下鸭下巴，把鸭舌分开，剩下的鸭下巴对半切开；姜切片。②锅中加水烧开，倒入切好的鸭下巴和鸭舌焯水捞出。③锅中加油烧热，放入姜片爆香，倒入焯好的鸭下巴，加生抽、老抽、料酒、香叶、八角茴香、桂皮、白糖少许，再加入清水（要没过鸭下巴）拌匀，大火烧开后转小火焖40分钟至入味即可。

第 2 章

家常煎炸熘炒菜

包菜粉

用料 圆白菜、粉丝、植物油、精盐、鸡精、干红椒段、蚝油、葱丝、香油

做法 ①圆白菜洗净，切成细丝；粉丝用温水泡透，切段。②净锅上火，倒入植物油烧热，放葱丝、干红椒段炝香，调入蚝油，加入圆白菜煸炒至八成熟，加入粉丝，调入精盐、鸡精炒至熟，淋入香油，装盘即可。

· 饮食一点通 ·

防衰老，抗氧化，抑菌消炎。

蒜蓉空心菜

用料 空心菜、蒜蓉、葱姜丝、精盐、鸡精、料酒、植物油

做法 ①空心菜择去老叶和老茎，洗净。②炒锅置旺火上，倒油烧热，放入空心菜急速翻炒，再放入蒜蓉、料酒、精盐、鸡精、葱姜丝一同翻炒，待原料入味后装盘即可。

· 主厨小窍门 ·

炒制空心菜要用旺火急炒的方法，不可炒制过久，以免影响口感。

青椒笋尖

用料 新鲜笋尖、青椒、酱油、鸡精、白糖、植物油

做法 ①新鲜笋尖去壳，洗净，切成薄片；青椒去蒂、去子，洗净，切块。②锅置火上，倒油烧热，放入笋尖煸炒，边煸边淋少许水，炒至笋尖八成熟，倒入酱油、白糖、鸡精调味，放入青椒翻炒片刻，出锅即成。

· 饮食一点通 ·

健胃理气，润肤明目。

醋熘西葫芦

用料 西葫芦、水发木耳、醋、精盐、白糖、蒜末、鸡精、植物油

做法 ①西葫芦洗净切片；水发木耳洗净，撕成小朵。②炒锅点火，倒油烧热，放入蒜末炝锅，加入西葫芦片、木耳稍炒，加入醋，放白糖，快熟时加入精盐，放入鸡精出锅即可。

· 主厨小窍门 ·

烹调西葫芦时不宜煮得太烂，以免营养流失。

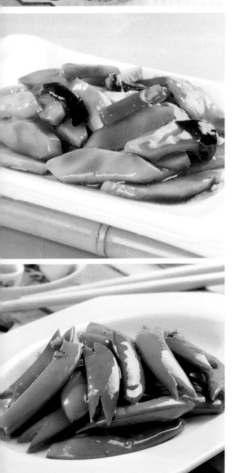

清炒甜豆

用料 甜豆、精盐、鸡精、料酒、高汤、淀粉、葱姜末、植物油

做法 ①甜豆掐去筋，洗净，投入沸水锅焯烫片刻，捞出沥水。②炒锅点火，倒油烧热，放入葱姜末爆香，放入甜豆、精盐、鸡精、料酒、高汤，翻炒均匀，用淀粉勾芡，出锅装盘即可。

· 主厨小窍门 ·

甜豆焯水时要焯透焯熟。

榄菜四季豆

用料 四季豆、橄榄菜、尖椒圈、蒜蓉、精盐、味精、料酒、香油、植物油

做法 ①四季豆去筋，切段，锅中加油烧至八成热，放入四季豆炒至九成熟，盛出。②锅中加入底油烧至六成热，放入蒜蓉煸炒出香味，放入橄榄菜炒匀，再放入尖椒圈略炒，烹入料酒，放入四季豆烧熟，加入精盐、味精，淋入香油，出锅装盘即成。

· 饮食一点通 ·

调理气血，补充维生素。

清炒苋菜

用料 苋菜、植物油、精盐、醋、蒜末

做法 ①苋菜洗净，去掉根须，切段，入沸水中焯片刻，捞出沥水。②炒锅置火上，倒油烧热，投入蒜末煸香，放入苋菜翻炒，调入精盐、醋，炒熟装盘即可。

· 饮食一点通 ·

清热解毒，明目利咽。

湘味炒丝瓜

用料 丝瓜、豌豆、剁椒、葱末、料酒、蚝油、白糖、植物油

做法 ①丝瓜去皮，洗净，切块，浸入凉水中以防氧化变黑；豌豆洗净，放入沸水锅中焯烫至变色，捞出沥水。②锅置火上，倒油烧至五六成热，放入葱末、剁椒炒香，加入料酒、蚝油、白糖翻炒均匀，放入丝瓜、豌豆炒熟即成。

· 饮食一点通 ·

清热解毒，化滞下气，瘦身美容。

冬菜炒苦瓜

用料 苦瓜、冬菜、干辣椒、花椒、精盐、生抽、鸡精、植物油

做法 ①苦瓜去蒂，剖开去瓤，洗净，切丁；冬菜洗净，挤干水分，切段；干辣椒洗净，切段。②锅置中火上，不倒油，放入苦瓜，加精盐，小火煸干水分，盛出。③另锅倒油烧热，放入干辣椒、花椒，倒入苦瓜，加生抽、冬菜、鸡精炒匀即成。

· 饮食一点通 ·

清心润肺，排毒养颜。

黄金山药条

用料 山药、熟咸鸭蛋黄、植物油、白糖、味精

做法 ①山药去皮切条；熟咸鸭蛋黄用刀压碎，加白糖、味精调匀。②锅中倒油烧至五成热，加山药条，炸至金黄色捞出。锅留底油烧热，加入咸鸭蛋黄炒匀，放入山药条翻炒均匀即成。

· 饮食一点通 ·

色泽金黄，口味咸香，补脾健胃。

蒜香土豆片

用料 土豆、蒜末、蒜汁、精盐、味精、番茄酱

做法 ①土豆去皮洗净，切薄片，清水浸泡20分钟，加入精盐、味精、蒜汁拌匀腌渍10分钟。②锅置火上，倒油烧至三四成热，放入土豆片炸至八成熟，捞出沥油，待油温升至五六成热，放入蒜末炸至金黄色，加入土豆片复炸至熟，捞出沥油，佐番茄酱蘸食即可。

· 主厨小窍门 ·

如喜欢吃辣，也可以蘸辣椒酱食用。

煎土豆饼

用料 土豆、鸡蛋液、蒜汁、淀粉、精盐、味精、植物油

做法 ①土豆切成丝，加入鸡蛋液、精盐、味精、淀粉，放在抹有植物油的盘中，轻轻按压成圆饼状。②净锅置火上，倒油烧至六成热，轻轻推入土豆丝圆饼，煎至土豆丝圆饼两面呈金黄色、熟透时，取出切成块，码入盘中，佐蒜汁食用即可。

> · 饮食一点通 ·
> 补充维生素D，促进钙质吸收。

家常煎茄子

用料 茄子、红椒、精盐、鸡精、葱花、香油、辣椒油、植物油

做法 ①将茄子洗净，切成片，再切成梳子形；红椒洗净，切末备用。②锅中加油烧热，放入茄子略煎，再加入精盐、鸡精炒匀，淋入香油、辣椒油，撒上葱花，出锅装盘即可。

> · 主厨小窍门 ·
> 茄子萼片与果实相连接的地方有一圈浅色环带，这条带越宽、越明显，说明茄子越嫩。

酥炸小山茄

用料 长茄、葱末、脆炸糊、椒盐、植物油

做法 ①长茄洗净，去蒂，切厚片。②长茄片裹匀脆炸糊，入热油中炸至金黄色，捞出沥油，装盘，蘸椒盐食用即可。

> · 饮食一点通 ·
> 茄子皮富含维生素P，所以吃茄子最好不要去皮。

干炸胡萝卜丝

用料 胡萝卜、黑芝麻、植物油、精盐、味精

做法 ①胡萝卜洗净，切成细丝；黑芝麻炒香。②炒锅上火，倒入植物油，烧至七成热时，将胡萝卜丝分几次放入锅内炸酥，捞出沥油，放入盘中，加精盐、味精、黑芝麻拌匀即可。

·饮食一点通·

色泽鲜艳，味道脆香，补充维生素和胡萝卜素。

素炒杂烩

用料 青椒、青豆、豆腐干、胡萝卜、芹菜、植物油、精盐、鸡精、醋、酱油、香油

做法 ①青椒洗净，去蒂、去子，切丝；豆腐干、胡萝卜、芹菜分别洗净，切丝。②锅置旺火上，倒油烧至六成热，放入青椒丝、青豆、胡萝卜，炒至青豆将熟时，加入豆腐干丝、芹菜丝、精盐、鸡精、酱油、醋，再炒拌入味，淋上香油，出锅装盘即可。

·饮食一点通·

增强食欲，促进消化。

芹菜炒玉米笋

用料 芹菜、玉米笋、酱油、精盐、鸡精、姜片、葱段、植物油

做法 ①芹菜洗净，去叶，留梗，切段；玉米笋洗净，斜切成薄片。②炒锅置武火上烧热，倒入植物油，烧至六成热时，投入姜片、葱段爆香，然后放入玉米笋、芹菜、精盐、酱油、鸡精，炒熟即可。

·饮食一点通·

促进肠胃蠕动，降压降脂。

火炒五色蔬

用料 玉米笋、芦笋、鲜香菇、百合、彩椒、植物油、精盐

做法 ①玉米笋洗净切段；百合洗净剥瓣；芦笋洗净切段；彩椒去子切条；鲜香菇洗净，去蒂切条。②五种材料入沸水锅焯烫2分钟，捞出沥水。③炒锅点火，倒油烧热，放入以上五种材料，大火翻炒5分钟，加精盐调味，翻炒片刻，出锅装盘即可。

素炒竹笋

用料 竹笋、植物油、精盐、鸡精、蚝油、姜蒜末、香油

做法 ①竹笋洗净，斜刀切成片，入沸水中焯片刻，捞出，投凉沥水。②净锅上火，倒入植物油烧热，投入姜蒜末炝香，烹入蚝油，加入竹笋，调入精盐、鸡精，翻炒至入味，淋入香油，装盘即可。

· 饮食一点通 ·
促进肠蠕动、帮助消化、去除积食、防治便秘。

外婆煎春笋

用料 春笋、霉干菜、植物油、精盐、味精、酱油、香油、辣椒油、干辣椒段、葱花、姜末、蒜蓉

做法 ①将春笋洗净，去蒂，切圆片。②锅置火上，倒油烧热，放入春笋片、霉干菜，煎至金黄色后出锅装入盘中，锅内放入干椒段、蒜蓉、姜末拌炒，随后放入煎好的春笋、霉干菜，放精盐、味精、酱油拌炒入味，倒少许蒸汁焖片刻，待汤汁收干时撒入葱花、淋香油、辣椒油，出锅装入盘中。

香酥鲜菇

用料 鲜平菇、鸡蛋、葱花、精盐、鸡精、花椒盐、淀粉、植物油

做法 ①鲜平菇洗净切条；鸡蛋磕入碗中打散，加入精盐、鸡精、淀粉搅匀成蛋糊。②锅中加油烧至五成热，放入裹匀蛋糊的平菇条炸至浅黄色，捞出，待油温升至九成热时，再放入平菇条炸至色泽金黄、酥脆，捞出沥油，放在盘中，撒上葱花，带花椒盐上桌即成。

· 饮食一点通 ·

改善新陈代谢，增强体质。

油炸茶树菇

用料 茶树菇、鸡蛋、面粉、精盐、植物油、香油

做法 ①茶树菇洗净，切成两半。②鸡蛋磕碗内，加面粉、水和精盐调成糊，将茶树菇裹匀鸡蛋糊。③净锅置火上，倒油烧至六成热，放入茶树菇，炸至金黄色，淋入香油，装盘即成。

· 饮食一点通 ·

滋阴补肾，健脾胃，提高人体免疫力。

蜜汁杏鲍菇

用料 杏鲍菇、料酒、香油、酱油、精盐、胡椒粉、蜂蜜、香菜碎

做法 ①杏鲍菇洗净，切厚片，剞花刀。②蜂蜜、料酒、香油、酱油、精盐和胡椒粉混合拌匀成调味酱汁。③将杏鲍菇码放在平底锅中，均匀淋上酱汁，腌渍15分钟，然后撒上适量香草碎，小火将杏鲍菇煎熟，酱汁收干即可。

芥蓝炒什菌

用料 芥蓝、鸡腿菇、葱花、姜丝、精盐、味精、鸡精、白糖、水淀粉、植物油

做法 ①芥蓝洗净，切段，再对剖成两半，放入沸水中焯烫片刻，捞出冲凉，沥干水；将鸡腿菇择洗干净，切成片，放入沸水中焯烫片刻，捞出。②炒锅点火，加油烧热，放入葱花、姜丝炒香，加入芥蓝、鸡腿菇、精盐、味精、白糖、鸡精翻炒均匀，用水淀粉勾芡即成。

百果双蛋

用料 鸡蛋、鹌鹑蛋、银杏肉、银耳、红枣、百合、木耳、精盐、酱油、植物油

做法 ①银耳、红枣、木耳、百合、银杏肉均洗净泡1小时。②油锅烧热，放入泡好的食材，加酱油，炒熟装盘；鹌鹑蛋、鸡蛋分别入锅煎熟，放入盛有炒好的食材碗中，加精盐调味即可。

· 饮食一点通 ·
清热消暑、养血益气、补肾健脾、滋肝明目。

素炸响铃

用料 油豆腐皮、韭菜、鸡蛋、粉丝、精盐、味精、胡椒粉、料酒、植物油

做法 ①韭菜洗净，切成末；粉丝加清水浸泡至软，捞出洗净沥干，切成段。②鸡蛋搅打成鸡蛋液，入油锅中炒散成块，凉凉，加韭菜末、粉丝拌匀，加精盐、味精、胡椒粉、料酒拌匀成馅料。③油豆腐皮铺平，放入馅料，逐个包成三角形，用鸡蛋液封好口，入油锅中炸熟，沥油装盘即可。

黄金炸豆腐

用料 盒装豆腐、白萝卜、葱花、面粉、鸡蛋液、日式酱油、香油、植物油

做法 ①白萝卜去皮，用磨泥板磨成泥；日式酱油、香油倒入小碗中拌匀成味汁。②豆腐切块，依次蘸上面粉、鸡蛋液，入油锅用中小火慢炸至外表金黄，捞起，沥干油分摆盘。③将白萝卜泥和葱末依次放在炸好的豆腐上，佐味汁食用即可。

家常豆腐

用料 豆腐、五花肉、韭菜、木耳、植物油、豆瓣酱、香油、精盐、白糖、淀粉、味精

做法 ①豆腐洗净，切片；五花肉洗净，切片；韭菜洗净，切段。②锅中倒油烧热，放入豆腐片，煎至金黄色捞出。锅留底油，放肉片炒香，加豆瓣酱和适量水，加入豆腐、木耳、味精、精盐、白糖、淀粉炒匀，淋香油，加入韭菜段，将汤收浓即可。

· 饮食一点通 ·

清热解毒，利湿减肥，美容助孕。

家乡炸茄饼

用料 长茄子、五花肉末、鸡蛋液、面粉、酱油、植物油

做法 ①茄子切片；肉末加酱油搅拌成馅，加鸡蛋液和面粉调糊。②锅中倒油烧至四成热，将茄饼裹匀鸡蛋糊，逐个放入油锅中，用中火炸约5分钟，捞出沥油，待油温升至八成热时，再放入茄饼炸至金黄色，捞出装盘即成。

· 主厨小窍门 ·

如不喜欢肉馅，可用豆腐、豆芽等做成素馅，一样美味又营养。

脆炸藕合

用料　莲藕、五花肉、淀粉、花椒盐、海米末、木耳末、植物油

做法　①莲藕去皮，切夹刀片；五花肉加海米末、木耳末搅拌上劲；在藕片内侧撒上淀粉，夹入肉馅成为藕合。②锅中加油烧至六成热，放入藕合炸至淡黄色，捞出沥油，待油温升至七成热时，再放入藕合复炸呈金黄色时，捞出藕合，沥净油，码放入盘中，带花椒盐一起上桌即成。

肉片炒木耳

用料　猪肉、胡萝卜、水发木耳、植物油、精盐、葱段、姜片、鸡精、蚝油、料酒、香油

做法　①猪肉洗净切片；胡萝卜去皮洗净，切片；水发木耳洗净，撕成小朵。②净锅上火，倒油烧热，加入葱段、姜片炒香，放入猪肉炒至熟，烹入料酒，加入胡萝卜、木耳，调入蚝油、精盐、鸡精，炒至熟，淋入香油，装盘即可。

·饮食一点通·

　补中益气，开胃消食，强身健体。

肉末四季豆

用料　猪肉、四季豆、植物油、精盐、鸡精、蒜末、料酒、花椒油

做法　①猪肉洗净切末；四季豆择洗干净，切成丝。②净锅上火，倒入植物油烧热，加入蒜末炝香，再放入猪肉末煸炒，烹入料酒，放入四季豆炒至八成熟，调入精盐、鸡精，翻炒均匀，淋入花椒油即可。

·饮食一点通·

　益气健脾，养心安神，利水消肿。

豌豆炒腊肉

用料 腊肉、豌豆、植物油、精盐、料酒、高汤

做法 ①腊肉去皮，切成长片；豌豆去荚，剥豆，洗净。②净锅上火，倒油烧至七成热，放腊肉片速炒，边炒边淋少许高汤，烧开，烹入料酒，加入豌豆、精盐同炒2分钟，见豌豆转为翠绿色，盛出即可。

· 饮食一点通 ·

　　嫩豆粒是菜肴配色、配形料的上选，为筵席菜所常用。烧煮过久其翠绿色即变成暗绿色，故需注意烧煮时间。

生煎里脊

用料 猪里脊肉、鸡蛋清、番茄酱、精盐、鸡精、酱油、料酒、植物油

做法 ①猪里脊肉切厚片，用刀背捶松，加精盐、鸡精、料酒、酱油拌匀腌渍2小时，裹匀鸡蛋清。②锅中倒油烧热，放入猪里脊片，中火煎至两面呈金黄色、熟透时，倒入漏勺沥油，装盘，食用时蘸番茄酱即可。

· 饮食一点通 ·

　　温中益气，暖胃润肤，平顺内分泌。

软炸里脊

用料 猪里脊肉、芝麻、鸡蛋清、淀粉、精盐、料酒、鸡精、植物油

做法 ①猪里脊肉片片，两面剞十字花刀，再切条，放入碗内，加精盐、鸡精、料酒，腌渍入味；碗中放入鸡蛋清、淀粉搅匀成糊。②炒锅倒油烧至六成热，将肉逐片蘸上蛋糊，再蘸满一层芝麻，放入油锅炸透捞出，待油温升至八成热，放入肉片炸至深红色，捞出控净油，装盘即成。

干炸里脊

用料 里脊肉、料酒、淀粉、花椒盐、植物油

做法 ①将淀粉加等量水调成硬糊；里脊肉去筋，切菱形块，用料酒拌好，放入硬糊中拌匀。②将拌好的里脊肉块放入七成热油锅中炸成焦黄色，再转微火上浸炸，然后上旺火，将其炸至焦酥，捞出放入盘中，撒上花椒盐即成。

· 饮食一点通 ·

色泽褐黄，内外酥香，补中益气。

鲍汁煎金钱菇

用料 鲜香菇、猪肉馅、葱段、白胡椒、鲍汁、精盐、料酒、水淀粉、植物油

做法 ①鲜香菇去蒂，洗净，沥干。②猪肉馅加入白胡椒、料酒、精盐拌匀，填入香菇中，入热油锅煎熟。③锅中倒油烧热，放入葱段爆香，加入少许水和鲍汁，放入煎熟的香菇煮入味，加水淀粉勾芡即可。

· 饮食一点通 ·

可将香菇换成口蘑，会有另一种不同的香味。

农家肉段

用料 猪肉、生菜、鸡蛋、植物油、精盐、鸡精、面粉、甜面酱

做法 ①猪肉洗净切条，调入精盐、鸡精，磕入鸡蛋，加入面粉抓匀；生菜洗净，垫在盘内。②净锅上火，倒油烧至七成热，放入肉段炸熟，捞起控油，码入盘内，带甜面酱上桌（用生菜卷食）。

· 饮食一点通 ·

益气补中，清肝利胆。

腊肠炒年糕

用料 腊肠、年糕、蜜豆、红椒、精盐、植物油

做法 ①腊肠切段；年糕切片；蜜豆洗净，切段；红椒洗净，切片。②锅置火上，倒油烧热，放入腊肠、年糕、蜜豆、红椒同炒至熟，加精盐调味即成。

· 饮食一点通 ·

补虚益气，美容养颜。

菠萝咕噜肉

用料 五花肉、胡萝卜片、菠萝片、蒜末、精盐、白糖、淀粉、醋、香油、植物油

做法 ①五花肉切块，加精盐、白糖、淀粉拌匀腌渍10分钟；精盐、白糖、醋、淀粉调匀成味汁。②锅中倒油烧热，放入肉片炸至呈金黄色，捞出沥油。③锅留底油烧热，放入蒜末煸香，加入胡萝卜片、菠萝片炒匀，烹入味汁炒至味汁起泡，倒入肉块炒匀，淋入香油，出锅装盘即可。

· 饮食一点通 ·

开胃健脾，增强食欲。

小炒脆骨

用料 脆骨、红椒、葱段、精盐、卤水、植物油

做法 ①脆骨洗净，放入卤水锅卤熟，切丝；红椒洗净，切段。②锅置火上，倒油烧热，放入红椒段炒至变软，加入精盐、脆骨、葱段，炒匀出锅即成。

· 饮食一点通 ·

补钙壮骨，温中益气。

生炒排骨

用料 排骨、鸡蛋液、青椒、红椒、醋、白糖、番茄汁、料酒、淀粉、精盐、酱油、植物油

做法 ①排骨洗净，斩块，加精盐、白糖、酱油、料酒及鸡蛋液拌匀，腌20分钟，用淀粉抓匀；青椒、红椒分别洗净，切碎。②炒锅点火，倒油烧热，放入排骨，大火爆炒至排骨断生，加入醋、白糖、精盐、番茄汁煮匀，投入青椒、红椒翻炒片刻，炒匀即可。

椒盐大排骨

用料 猪大排、青椒末、红椒末、蒜蓉、淀粉、料酒、植物油、精盐、椒盐、味精

做法 ①排骨洗净，去油膘，斩成四块，用刀背将排骨拍松，斩成大片，加料酒、味精、精盐、淀粉拌匀。②锅置火上，倒油烧热，将排骨逐一投入油锅炸到八成熟时捞出，待油锅再烧到七成热，再将排骨投入复炸呈金黄色，捞出沥油。③青椒末、红椒末、蒜蓉、椒盐放入碗中拌匀，蘸食排骨即可。

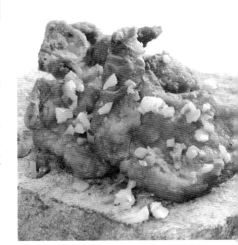

辣炒猪蹄

用料 猪蹄、干辣椒、植物油、精盐、鸡精、花椒、香葱段、白糖

做法 ①猪蹄洗净，从中间剁开，焯水煮熟，捞出切块。②净锅上火，倒油烧热，放入干红椒、香葱段、花椒爆香，加入猪蹄，调入精盐、鸡精、白糖，迅速炒匀，起锅装盘即可。

· 饮食一点通 ·

　　益气补血，减肥美容，通乳。

蒜香肝尖

用料 猪肝、蒜薹、植物油、精盐、白糖、鸡精、酱油、姜丝、料酒、香油

做法 ①猪肝治净，切成片，入沸水锅汆至熟；蒜薹洗净切段。②净锅上火，倒油烧热，放入姜丝炒香，烹入料酒，放入蒜薹煸炒，调入酱油，加入猪肝，调入精盐、白糖、鸡精，翻炒均匀，淋入香油即可。

·饮食一点通·

养血补肝，温中开胃，理气消食。

莴笋炒腰花

用料 莴笋、猪腰、金银花汁、胡椒粉、酱油、精盐、鸡精、淀粉、植物油

做法 ①莴笋洗净，削皮，切成条，胡椒粉、酱油、精盐、金银花汁调成味汁。②猪腰片开，去腰臊，洗净，改刀成凤尾条，加精盐、鸡精、淀粉略腌。③炒锅上火，加入植物油，烧至六成热，放入猪腰条，滑散，滗去余油，加入莴笋条拌炒，烹入味汁，急火收汁，起锅即成。

·饮食一点通·

清热解毒，补肾利尿。

青椒肚片

用料 熟猪肚、青椒、植物油、精盐、鸡精、酱油、葱姜片、香油

做法 ①熟猪肚切成片；青椒洗净，去子切块。②炒锅上火，倒油烧热，放入葱姜片炝香，烹入酱油，放入青椒煸炒，调入精盐、鸡精，加入猪肚同炒至入味，淋入香油，起锅装盘即可。

·饮食一点通·

健脾养胃，散寒祛湿。

莴笋炒猪心

用料 猪心、莴笋、植物油、精盐、鸡精、料酒、蒜片、姜丝

做法 ①猪心洗净，入沸水锅煮熟，捞出切片；莴笋去皮，洗净切片。②净锅上火，倒油烧热，投入蒜片、姜丝爆香，放入莴笋煸炒，烹入料酒，加入猪心，调入精盐、鸡精，翻炒均匀即可。

> ·饮食一点通·
> 宁心安神，清肺止咳，利水通淋

小炒牛肉

用料 牛肉、朝天椒、芹菜、鸡蛋清、精盐、酱油、鸡精、蒜末、香油、水淀粉、植物油

做法 ①牛肉洗净，切片，用刀背拍松，加入酱油、精盐、鸡精、鸡蛋清、水淀粉拌匀，腌渍20分钟；朝天椒、芹菜均洗净，切丁。②锅中倒油烧热，放入蒜末、朝天椒丁、芹菜丁、牛肉片炒香，倒入少许水烧熟，加入精盐、鸡精炒匀，淋香油，出锅装盘即成。

蚝油牛肉

用料 牛肉、笋片、青椒片、红椒片、植物油、蚝油、熟芝麻、料酒、酱油、葱姜末、精盐、淀粉

做法 ①牛肉洗净切片，加精盐、淀粉，抓匀上浆。②净锅倒油烧热，放入牛肉片滑散，捞出控油。③锅留底油，投入葱姜末爆香，加入笋片、青椒片、红椒片稍炒，倒入少许水和蚝油、料酒、酱油，放入牛肉片、熟芝麻、精盐，翻炒均匀即成。

> ·饮食一点通·
> 补中益气，滋养脾胃

芝麻牛排

用料 牛里脊肉、芝麻、鸡蛋、精盐、植物油、味精、面粉

做法 ①牛里脊肉洗净，切片，用刀拍一下，每片相隔一定距离剞一刀，放入汤碗中，加入精盐、味精拌匀；鸡蛋磕入碗内搅匀，将牛肉排裹上面粉，挂上蛋糊，蘸满芝麻，将两面芝麻压一压。②锅置火上，倒油烧热，将牛肉排逐片入锅，炸至两面金黄时捞出，沥油，改刀成小块，装盘即成。

· 饮食一点通 ·

清热解毒，调理上火引起的肾虚。

胡萝卜炒羊肉丝

用料 羊肉、胡萝卜、香菜段、葱段、姜丝、精盐、料酒、淀粉、香油、植物油

做法 ①羊肉洗净，切丝，入锅中，加水、料酒汆烫至变色，捞出；胡萝卜去皮，切丝，入沸水锅焯烫片刻，捞起沥干。②炒锅点火，倒油烧热，投入姜丝、羊肉丝、胡萝卜丝、葱段翻炒至熟，加料酒、精盐调味，用淀粉勾芡，最后加香油，撒香菜段即可。

· 饮食一点通 ·

温中补益，益肾壮阳。

牙签羊肉

用料 羊后腿肉、孜然、鸡精、辣椒粉、精盐、胡椒粉、鸡蛋液、淀粉、芝麻、料酒、植物油

做法 ①羊后腿肉洗净，去除筋膜，切成小块，用孜然、芝麻、辣椒粉、精盐、鸡精、胡椒粉、料酒、鸡蛋液抓匀，腌渍入味，再放入淀粉搅拌均匀，用牙签串起来。②锅中倒油烧至六成热，放入串好的羊肉，炸至金黄色，捞出沥干油，装盘即可。

· 主厨小窍门 ·

羊后腿肉肉质细嫩，筋肉相连，最适宜作为羊肉串的原料。

山药炸兔肉

用料 兔肉、山药、鸡蛋清、淀粉、植物油、姜片、葱段、料酒、精盐、酱油、白糖、味精

做法 ①山药去皮，洗净，切片，烘干，研成细末；兔肉洗净，切块，放入碗内，加料酒、精盐、酱油、白糖、姜片、葱段、味精拌匀腌渍20分钟。②鸡蛋清加入山药粉和淀粉搅拌均匀，调成蛋清糊，将兔肉均匀挂糊。③锅中倒油烧至八成热，将兔肉块逐个放入油锅中炸至断生捞出，待油温升高，再一起放入油锅炸至金黄色，捞出装盘即可。

香煎鸡肉饼

用料 鸡肉泥、肥肉馅、净荸荠丁、糯米粉、植物油、精盐、鸡精、料酒、葱姜丝、淀粉

做法 ①鸡肉泥加肥肉馅、荸荠丁、糯米粉、精盐、淀粉、鸡精、料酒搅匀，制成鸡肉蓉。②平底锅倒油烧热，将鸡肉蓉挤成大小均匀的丸子入锅，用铲子将丸子压成饼，煎至两面金黄时加入葱姜丝，煎至出香，捞出沥油即可。

· 饮食一点通 ·
益肾填精、利五脏、调六腑、明耳目、壮筋骨。

翡翠煎蛋饼

用料 菠菜、鸡蛋、熟鸡胸脯肉、精盐、味精、植物油、葱花

做法 ①将菠菜洗净，切成碎末；熟鸡胸脯肉切成碎末。②鸡蛋磕入碗中，加精盐、味精、葱花，充分搅打至蛋液起泡，再加入肉末、菠菜末，搅拌均匀。③锅中倒入植物油烧热，将蛋液倒入，轻轻转动炒锅，使鸡蛋凝成蛋饼，煎到两面焦黄即可。

· 饮食一点通 ·
鲜嫩脆香，味美适口，润肠通便。

脆椒鸡丁

用料 鲜鸡脯肉、葱、姜、脆椒、精盐、味精、料酒、植物油、淀粉

做法 ①鸡脯肉洗净切丁，加精盐、味精、料酒腌渍入味，拍上淀粉。②将鸡肉放入热油锅中，炸至金黄色捞出。③锅中留油少许，爆香脆椒、葱、姜，加鸡肉丁炒匀，配料，调入精盐、味精，炒匀即可。

·饮食一点通·

干香脆爽，香辣适中，润肠通便。

干炸鸡翅

用料 鸡翅、植物油、精盐、鸡精、料酒

做法 ①鸡翅去掉翅尖，背面剞上十字花刀，放入碗中，加精盐、料酒、鸡精拌匀腌渍入味。②锅中加油烧热，把鸡翅放入油中，小火炸成金黄色，捞出控净油，装盘即可。

·饮食一点通·

温中益气，增强脑力，润肤美容。

生煎鸡翅

用料 鸡翅、小青菜、植物油、蒜泥、料酒、酱油、白糖、鸡精

做法 ①将鸡翅两面轻轻剞上十字花刀，用料酒、酱油、白糖、鸡精、蒜泥抹匀腌渍片刻；小青菜择洗净。②炒锅倒油烧至五成热，放入鸡翅煎3分钟，翻面再煎3分钟。用料酒、酱油、白糖、鸡精调成汁，分2次淋入锅中鸡翅上，起锅颠翻，装入盘中。③另锅倒油烧热，将青菜炒至断生，码在盘底即可。

·饮食一点通·

增强体力，强健筋骨。

蒜香炸子鸡

用料 净鸡腿肉、蒜末、辣椒酱、姜汁、蒜汁、精盐、味精、水淀粉、植物油

做法 ①鸡肉切小块，加蒜末、精盐、味精、水淀粉、蒜汁、姜汁腌渍20分钟。②锅中加油烧至四成热，放入鸡腿块炸至上色，捞出，待油温升至九成热时，再入锅复炸至熟透，捞出沥油，蘸辣椒酱食用。

· 饮食一点通 ·

补脾胃，催乳。

茄汁鸡块

用料 鸡肉、黄瓜、洋葱、番茄、鸡蛋、精盐、鸡精、料酒、淀粉、植物油

做法 ①鸡肉切块，加精盐、鸡精拌匀，腌10分钟，加鸡蛋液、淀粉拌匀；番茄去皮，切成块；洋葱洗净，切段；黄瓜洗净，切块。②锅中倒油烧热，放入鸡块煎至两面呈金黄色时取出。③锅中留油少许，烧热，放入洋葱段、黄瓜块煸炒，放入鸡块、番茄块，烹料酒，加调味汁，炒匀即成。

· 饮食一点通 ·

补铁补钙，养血强身。

香辣家乡炸鸡

用料 小公鸡、鸡蛋、面包屑、植物油、辣椒粉、胡椒粉、精盐、淀粉

做法 ①小公鸡治净，去头，去爪，斩成大块，加辣椒粉、胡椒粉、精盐腌渍2小时；鸡蛋磕入碗中打散，加淀粉调成蛋糊，倒入鸡块拌匀，再均匀裹上一层面包屑。②锅内倒油烧至八九成热，放入鸡块炸熟，捞出沥油即可。

· 饮食一点通 ·

增强体力，强身健体。

嫩姜炒鸭片

用料 鸭胸肉、嫩姜、葱段、料酒、精盐、胡椒粉、酱油、白糖、淀粉、植物油

做法 ①鸭胸肉切薄片，拌入料酒、精盐、胡椒粉腌20分钟，入热油锅滑至变色，捞出沥油；嫩姜洗净，切片。②炒锅点火，倒油烧热，投入姜片爆香，放入鸭肉同炒，加入酱油、白糖、淀粉，拌炒均匀，起锅前加入葱段，翻炒片刻即可。

> **·主厨小窍门·**
> 嫩姜的外皮洁白、节少、质地较嫩，洗后直接切片使用即可。

椒盐鸭排

用料 鸭脯肉、鸡蛋、面粉、精盐、料酒、味精、葱丝、姜片、植物油、花椒

做法 ①鸭肉洗净，切成大厚片，一面用刀剞上横刀纹，放入碗中，加精盐、料酒、葱丝、姜片、味精腌渍约20分钟；鸡蛋磕入碗中，加少量水、面粉调成蛋糊。②锅中倒油烧热，把鸭肉裹上蛋糊放入油中炸至金黄色捞出，待油温升高时重新翻炸片刻，捞出控油改刀装盘；净锅中加入花椒、精盐炒干捣碎，随鸭肉同食。

干炸鹌鹑

用料 鹌鹑、鸡蛋清、精盐、酱油、葱姜丝、花椒粉、淀粉、植物油、白糖、香油

做法 ①将鹌鹑宰杀治净，用刀一拍，剁成四块，加酱油、精盐、葱姜丝、白糖腌约30分钟，加鸡蛋清、淀粉和少许香油拌匀。②锅中倒油烧热，放入鹌鹑块，慢火炸熟呈金黄色时捞出控油。③净锅中加香油烧热，加入花椒粉和炸好的鹌鹑块翻匀即成。

> **·饮食一点通·**
> 肉质酥烂，味鲜咸香，补中益气。

焦炸乳鸽

用料 乳鸽、鸡蛋、植物油、精盐、鸡精、白糖、醋、酱油、料酒、葱姜蒜末、淀粉

做法 ①乳鸽治净，斩块，加精盐、料酒腌渍入味；鸡蛋磕入碗中打散，加淀粉搅匀成鸡蛋糊。②炒锅倒油烧热，将乳鸽挂糊，入锅炸至熟，捞出沥油。③锅留底油烧热，放葱姜蒜末爆锅，放入乳鸽，加精盐、鸡精、白糖、醋、酱油调味，翻炒均匀，出锅即可。

小炒鱼

用料 鲜鲤鱼、干辣椒、葱花、姜末、精盐、酱油、鸡精、醋、料酒、水淀粉、高汤、植物油

做法 ①鲜鲤鱼宰杀治净，去骨、去刺，片成大片，加入精盐、水淀粉拌匀腌渍10分钟；干辣椒洗净，切碎。②锅置火上，倒油烧至五成热，放入鱼片滑油至变色，捞出沥油。③锅留底油烧热，放葱花、姜末、干辣椒末炒香，加入料酒、酱油、精盐、鸡精、醋和少许高汤大火烧沸，用水淀粉勾芡，倒入鱼片炒匀，出锅装盘即成。

熘双色鱼丝

用料 鳜鱼、胡萝卜、青笋、鸡蛋清、葱姜蒜末、精盐、鸡精、料酒、胡椒粉、淀粉、鲜汤、植物油

做法 ①鳜鱼宰杀治净，去骨、去皮，切丝，加入精盐、料酒、胡椒粉拌匀腌渍30分钟；胡萝卜、青笋均去皮，洗净，切丝；鸡蛋清、淀粉同入碗中搅匀成蛋清糊；精盐、料酒、鸡精、淀粉、鲜汤同入碗中调匀成味汁。②锅置火上，倒油烧热，放入葱姜蒜末炒香，倒入鳜鱼丝、胡萝卜丝、青笋丝炒匀，烹入味汁翻炒均匀，起锅装盘即成。

香酥鲫鱼

用料 鲫鱼、姜丝、葱丝、干椒丝、精盐、味精、白糖、汤、料酒、醋、胡椒粉、植物油

做法 ①鲫鱼去内脏洗净，入油锅炸香。②锅中加油烧热，将姜丝、葱丝、干椒丝入锅炒香，放入汤、精盐、味精、白糖、料酒、醋、胡椒粉，将鲫鱼用慢火煨透至酥烂即成。

·主厨小窍门·

将鲫鱼治净后在牛奶中泡一会儿，即可除腥，又能增鲜。

腊八豆炒鱼子

用料 鱼子、腊八豆、红椒、蒜苗、姜末、豆瓣酱、料酒、醋、辣椒粉、香油、植物油

做法 ①鱼子冲洗干净，放入热油锅煸炒片刻，烹入料酒、醋翻炒至熟，盛出；蒜苗洗净，切段；红椒洗净，切圈。②锅置火上，倒油烧热，放入豆瓣酱、腊八豆、辣椒粉炒香，加入姜末、红椒圈、蒜苗段翻炒片刻，放入鱼子炒匀，淋少许香油，出锅装盘即成。

·饮食一点通·

健脑益智，增强免疫力。

软煎鲅鱼

用料 鲅鱼肉、鸡蛋、味精、精盐、胡椒粉、面粉、黄油、植物油

做法 ①鲅鱼肉洗净，斜刀切成片，用味精、精盐、胡椒粉拌匀，腌渍10分钟，裹上一层面粉；将鸡蛋磕入碗内搅拌成鸡蛋糊。②炒锅中倒入植物油，烧热时，将鱼片挂匀鸡蛋糊放入锅内，煎至两面呈金黄色，滗去余油，加入黄油烹熟即可。

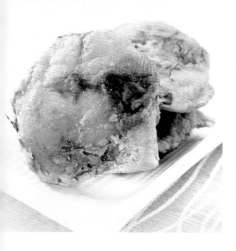

·饮食一点通·

软嫩鲜香，健脑益智。

干烧鲳鱼

用料 鲳鱼、肉丝、水发木耳丝、葱姜丝、植物油、精盐、鸡精、干辣椒丝、料酒、酱油

做法 ①鲳鱼治净，在鱼身两侧剞十字花刀，抹匀酱油，入七八成热油锅炸至呈金黄色，捞出沥油。②另锅烧热，放入肉丝、水发木耳丝、葱姜丝、干辣椒丝炒香，加入水和鲳鱼，调入精盐、鸡精、料酒、酱油，中火烧至汤汁收干即可。

干煎鱼

用料 黄花鱼、鸡蛋、葱姜末、精盐、料酒、味精、面粉、植物油

做法 ①将黄花鱼去鳞，去腮，去内脏，洗净，鱼身两面剞上直刀纹，用精盐、料酒、味精、葱姜末腌渍入味；鸡蛋磕入碗中搅匀。②锅中加植物油烧热，将鱼裹上面粉，挂上鸡蛋液，放油锅中慢火煎至两面呈金黄色即成。

·饮食一点通·

色泽金黄，外酥里嫩，补脾开胃

炸泥鳅

用料 泥鳅、熟芝麻、葱段、姜片、精盐、鸡精、料酒、花椒粉、辣椒粉、辣椒油、植物油

做法 ①泥鳅去头、去内脏，洗净，加精盐、料酒、葱段、姜片拌匀腌渍20分钟。②锅置火上，倒油烧热，放入泥鳅炸至体酥色金黄，捞出沥油，趁热加入精盐、鸡精、辣椒粉、花椒粉、辣椒油、香油拌匀，撒入熟芝麻，装盘即成。

·饮食一点通·

健脾开胃，增加食欲

干炸银鱼

用料 银鱼、面粉、鸡蛋黄、精盐、味精、花椒粉、白胡椒粉、料酒、白糖、淀粉

做法 ①将银鱼治净，放入碗内，加入料酒、白胡椒粉、花椒粉、白糖、精盐、味精、蛋黄拌匀，再加入淀粉、面粉拌匀。②将银鱼放入热油锅中，用漏勺抖散，炸至呈棕黄色，捞出稍凉，再放入热油锅内复炸至金黄色，捞出沥油即可。

·饮食一点通·

润肺止咳，补脾益胃。

嫩香牛蛙

用料 牛蛙、青椒、香芹、鸡蛋清、蒜片、精盐、生抽、白糖、淀粉、料酒、辣椒粉、红油、植物油

做法 ①牛蛙治净，加精盐、料酒、鸡蛋清、淀粉拌匀腌渍10分钟；青椒洗净，去蒂、去子，切块；香芹洗净，切段。②锅中倒油烧热，放入蒜片爆香，加入牛蛙、青椒、香芹炒熟，加入精盐、辣椒粉、白糖、生抽调味，淋入红油即成。

·饮食一点通·

强身健体，健胃消食。

槐花鸡蛋饼

用料 槐花、虾仁、鸡蛋、葱花、面粉、精盐、鸡精、植物油

做法 ①将槐花洗净放入大碗内，加入虾仁，磕入鸡蛋搅散，加入葱花、精盐、鸡精、面粉拌匀成槐花蛋糊。②净锅置火上，放入植物油，用中火烧至六七成热时，倒入槐花蛋糊，摊开成饼状，翻煎两面至熟即可。

·饮食一点通·

软嫩鲜美，清香适口，凉血润肺。

泡菜炒河虾

用料 河虾、泡菜、青椒、红椒、葱花、姜片、精盐、白糖、料酒、酱油、胡椒粉、植物油

做法 ①河虾剪去须足，去虾线，加入葱花、姜片、料酒腌10分钟；泡菜切丁；青椒、红椒均洗净，去蒂、去子，切丁。②锅中倒油烧热，放入葱花、姜片爆香，放入泡菜丁、青椒丁、红椒丁、河虾炒熟，烹入料酒、胡椒粉、精盐、酱油、白糖，炒匀即成。

> ·饮食一点通·
>
> 　健胃消食，补虚壮阳。

锅巴炒虾仁

用料 虾仁、豌豆、锅巴、精盐、鸡精、白糖、醋、番茄酱、水淀粉、高汤、植物油

做法 ①虾仁去除虾线，洗净，加入精盐、鸡精、水淀粉拌匀腌渍10分钟；豌豆洗净，放入沸水锅煮熟，捞出沥水；锅巴入锅炸片刻，捞出沥油。②锅置火上，放入适量高汤煮沸，加入番茄酱、白糖、醋，汤沸后加入精盐，用水淀粉勾芡，倒入虾仁、豌豆、锅巴炒至汤汁浓稠，出锅装盘即成。

虾仁炒干丝

用料 鲜虾仁、千张、葱段、香菜段、精盐、鸡精、水淀粉、植物油

做法 ①鲜虾仁挑去虾线，洗净，加入精盐、水淀粉抓腌渍10分钟；千张切丝。②锅中倒油烧热，放入葱段、千张丝、虾仁翻炒均匀，加入精盐、鸡精调味，撒上香菜段即成。

> ·饮食一点通·
>
> 　健胃消食，补虚壮阳。

酥炸虾段

用料 大虾、鸡蛋、精盐、面粉、花椒盐、番茄酱、植物油

做法 ①大虾去头及外皮留尾，加精盐略腌；鸡蛋磕入碗中，加入面粉，和成鸡蛋糊。②锅置火上，加油烧至六成热，放入挂匀蛋酥糊的大虾，用中火炸至熟透，再转旺火炸至金黄、酥脆，捞出炸好的大虾，沥干油分，码盘中，番茄酱、花椒盐盛在小碟中，与大虾一起上桌即可。

鱿鱼肉丝

用料 鱿鱼、猪肉、青椒、竹笋、精盐、鸡精、料酒、淀粉、香油、植物油

做法 ①鱿鱼洗净，切丝，放入沸水锅余烫片刻，捞出沥水；猪肉洗净，切丝，加入精盐、淀粉抓匀腌渍10分钟；青椒洗净，切丝；竹笋洗净，切丝。②锅置火上，倒油烧热，放入鱿鱼丝、猪肉丝、青椒丝、竹笋丝翻炒均匀，加入精盐、鸡精、料酒调味，淋香油出锅即成。

· 饮食一点通 ·

补中益气，滋阴润燥。

椒盐鱿鱼圈

用料 鱿鱼、鸡蛋清、精盐、淀粉、花椒盐、植物油

做法 ①将鱿鱼洗净，顶刀切圈。②鸡蛋清放入碗中，加入淀粉、精盐和清水调拌均匀成蛋清糊。③锅置火上，倒油烧至七成热，把鱿鱼条先滚上少许蛋清糊，放入油锅中炸透，待卷起、呈浅金黄色时，捞出沥油，装入盘中，撒上花椒盐即可。

牡蛎煎饼

用料 中筋面粉、鸡蛋液、牡蛎肉、香葱末、精盐、味精、胡椒粉、香油、植物油

做法 ①将面粉加鸡蛋液调匀；牡蛎肉洗净，放入沸水中焯烫片刻，捞出沥干，再加入精盐、味精、香油、胡椒粉、香葱末拌匀，与鸡蛋面和拌在一起备用。②炒锅上火烧热，加适量底油，放入牡蛎面饼，用小火煎至两面呈金黄色、熟透，即可出锅装盘。

·主厨小窍门·

　　牡蛎清洗一定要彻底，以免影响菜肴口感。煎制时火力不要太旺，并要不停晃动锅，使其受热均匀。

清炸蛎黄

用料 蛎黄、面粉、精盐、姜醋汁、植物油

做法 ①将蛎黄去壳去杂质，用清水洗净，捞出沥干，再用精盐腌渍入味，裹匀面粉。②炒锅点火，倒油烧至七成热，放入蛎黄炸1分钟，捞出沥油，待油温升至八成热时，再放入蛎黄稍炸片刻，捞出沥油，装入盘中，配姜醋汁蘸食即可。

·饮食一点通·

　　平肝潜阳，镇静安神

蛤蜊木耳炒蛋

用料 净蛤蜊肉、鸡蛋、水发木耳、尖椒、葱花、精盐、鸡精、花椒水、水淀粉、植物油

做法 ①水发木耳洗净，撕成小朵；鸡蛋磕入碗中打散；尖椒洗净，切碎。②锅置火上，倒油烧热，放入净蛤蜊肉煸炒片刻，加葱花、尖椒末、花椒水、木耳煸炒均匀，倒入鸡蛋液，加入精盐、鸡精调味，用水淀粉勾芡即成。

·饮食一点通·

　　清心润肺，补钙壮骨。

辣炒文蛤

用料 活文蛤、青椒、红椒、葱姜蒜末、辣椒酱、酱油、鸡精、白糖、醋、料酒、胡椒粉、植物油

做法 ①文蛤洗净，放入沸水锅烫至开口，捞出沥水；青椒、红椒均洗净，切碎。②锅置火上，倒油烧热，加入葱姜蒜末、辣椒酱炒香，烹入料酒、醋，加入酱油、白糖、胡椒粉、鸡精，放入青椒末、红椒末、文蛤翻炒均匀，出锅装盘即成。

·饮食一点通·

健胃消食，润肠通便。

香辣螺花

用料 净海螺肉、尖椒、朝天椒、熟芝麻、精盐、鸡精、料酒、水淀粉、香油、植物油

做法 ①净海螺肉切花刀，改刀切块；尖椒洗净，切块；朝天椒洗净，切圈。②锅中倒油烧热，放入尖椒块、朝天椒圈炒香，放入海螺肉炒熟，烹入料酒，加入精盐、鸡精调味，用水淀粉勾芡，撒上熟芝麻，淋香油即成。

·饮食一点通·

健脾开胃，减肥美容。

多味蟹钳

用料 蟹钳、莲藕、炸花生米、香菜叶、豆瓣、豆豉、葱姜末、蒜瓣、精盐、生抽、鸡精、白糖、料酒、花椒油

做法 ①蟹钳冲洗刷净，用刀柄砸出裂纹以便入味，加入料酒、生抽拌匀腌渍5分钟；莲藕去皮，洗净，切丁。②锅置火上，倒入花椒油烧热，加入葱姜末、蒜瓣、豆瓣、豆豉煸香，倒入蟹钳、藕丁、炸花生米、料酒、生抽、白糖，翻炒至汁略收干，加入精盐、鸡精，撒上香菜叶，出锅装盘即成。

第 3 章

家常焖烧炖煮菜

芋头烧扁豆

用 料 芋头、扁豆、青蒜、料酒、白糖、精盐、酱油、味精、植物油

做 法 ①芋头刮去皮，切成块；扁豆撕去筋切成段；青蒜切花。②锅置火上，倒油烧热，放入扁豆段、芋头块煸炒片刻，加入料酒、白糖、精盐、酱油、味精、清水，烧至汤汁浓稠，芋头成熟，入味时盛出装盘，撒上青蒜即可。

· 主厨小窍门 ·

芋头一定要烧熟，否则其中的黏液会刺激咽喉。

香烧胡萝卜

用 料 胡萝卜、葱花、精盐、酱油、白糖

做 法 ①胡萝卜去皮，切滚刀块。②锅置火上，倒油烧热，加入胡萝卜、精盐、白糖、酱油和1/2杯水，煮至酱汁烧至略干时，使香味渗入胡萝卜，盛出，撒上葱花即可。

· 饮食一点通 ·

益肝明目，减肥降脂。

香焖茄子

用 料 茄子、青椒、番茄、洋葱、蒜瓣、橄榄油、精盐、鸡精

做 法 ①洋葱洗净，切丝；茄子、番茄、青椒均洗净，切丁。②锅内放橄榄油烧热，放蒜瓣炒黄，放入洋葱、茄子、青椒、番茄，加精盐、鸡精调味，加盖焖熟即可。

· 主厨小窍门 ·

吃茄子建议不要去皮，茄子皮富含B族维生素，能帮助人体内维生素C代谢。

油焖茭白丝

用 料 茭白、葱、姜、青尖椒、植物油、料酒、白糖、精盐、味精、干红辣椒、水淀粉

做 法 ①将茭白去皮，洗净，切丝；葱、姜各切成细丝；干红辣椒洗净去子，切成丝；青尖椒切丝。②炒锅内加油烧热，加入葱、姜丝煸炒出香味，加入茭白丝、精盐、料酒、白糖炒匀，盖锅焖一下，加入干红辣椒、青尖椒煸炒，再加入水淀粉勾芡，调入味精即成。

· 饮食一点通 ·

减肥美容，丰胸通乳。

什锦番茄烧

用 料 魔芋、番茄、蘑菇、葱段、精盐、鸡精、胡椒粉、植物油

做 法 ①魔芋用热水焯烫，再用清水洗净，先切十字花，再改切小块；番茄切滚刀块，蘑菇对半切开。②锅中倒油烧热，爆香葱段，放入魔芋和蘑菇炒香，加入番茄、精盐、鸡精、胡椒粉和水煮开，转小火焖至入味，待汤汁收干即可。

· 饮食一点通 ·

润肠通便，减肥轻身。

胡萝卜烧蘑菇

用料 胡萝卜、蘑菇、黄豆、西蓝花、植物油、精盐、清汤、鸡精、白糖

做法 ①胡萝卜洗净去皮，切块；蘑菇洗净切片；黄豆泡6小时，蒸熟；西蓝花洗净，掰成小朵。②锅中倒油烧热，放入胡萝卜、蘑菇翻炒数次，注入清汤，用中火煮，待胡萝卜块煮烂时，放入蒸熟的黄豆、西蓝花，调入精盐、鸡精、白糖，煮透即可。

·饮食一点通·
清热解毒，化滞下气，瘦身美容。

干贝汁焖冬瓜

用料 冬瓜、姜片、精盐、鸡精、干贝汁、蚝油、植物油

做法 ①冬瓜去皮洗净，切大块。②锅内倒油烧热，加入姜片爆香，加入冬瓜块翻炒片刻，加入精盐、鸡精、干贝汁、蚝油翻炒均匀，盖上锅盖焖至汁浓即可。

·饮食一点通·
冬瓜含有多种维生素和人体必需的微量元素，可调节人体的代谢平衡。

芦笋扒冬瓜

用料 芦笋、冬瓜、葱末、精盐、鸡精、水淀粉

做法 ①芦笋去皮洗净，切丁；冬瓜去皮、去瓤，洗净切丁，与芦笋同入沸水中焯一下，捞出过凉。②芦笋、冬瓜、精盐、葱末一起放入锅中，加适量水，煨炖20分钟，再加入鸡精，用水淀粉勾芡即可。

·饮食一点通·
该菜可清热解毒，利小便，降血压，降血脂，瘦身美容，提高免疫力。

山药炖冬瓜

用料 山药、冬瓜、精盐、鸡精

做法 ①冬瓜去皮、去瓤，洗净，切块；山药洗净切片。②山药、冬瓜放入炖锅内，加水，大火烧沸，再用小火炖煮30分钟即成。

·饮食一点通·

老年人的肠胃容易出现消化不良、拉肚子等症状，山药无脂肪，富含淀粉、胆碱、果胶等，可有效保护胃黏膜，促进肠蠕动。

口蘑烧冬瓜

用料 冬瓜、口蘑、葱末、料酒、鸡精、精盐、淀粉、植物油、清汤

做法 ①冬瓜洗净，去皮、去瓤，入沸水中焯片刻，过凉后切块；口蘑去杂洗净，切块。②炒锅倒油烧热，放入清汤、口蘑、冬瓜块、料酒、精盐、鸡精，旺火烧沸，改小火，烧至入味，用淀粉勾芡，出锅装盘，撒上葱末即可。

·饮食一点通·

抗衰老、润泽光滑。

菜心烧百合

用料 油菜心、鲜百合、精盐、植物油、鸡精、蚝油、清汤

做法 ①油菜心洗净，入沸水中焯片刻，捞出沥水；鲜百合瓣成瓣，洗净。②锅中倒油烧热，加清汤、油菜心、百合略烧，放入精盐、鸡精、蚝油调味即成。

·饮食一点通·

美白滋肤，除斑点。

奶香口蘑烧菜花

用料 口蘑、菜花、西蓝花、精盐、鸡精、淡奶、淀粉、香油、植物油

做法 ①口蘑洗净去根，剞十字花刀；菜花、西蓝花均洗净，切成小朵；口蘑、菜花、西蓝花分别入沸水中焯透，捞出沥水。②炒锅上火烧热，加入淡奶、精盐、鸡精，放入口蘑、菜花、西蓝花烧至入味，加淀粉勾薄芡，淋香油出锅即可。

· 主厨小窍门 ·

　　淡奶是将牛奶蒸馏除去一些水分后的产品，可在超市、西餐原料店和网店购得。

松子香蘑

用料 松子仁、水发香菇、葱姜末、料酒、白糖、精盐、味精、香油、水淀粉、植物油

做法 ①水发香菇洗净，切成两半。②锅中倒油烧热，放入葱姜末爆香，倒入松子仁炸香，加入料酒、白糖、精盐和适量水，大火烧沸，放入味精、香菇，转小火焖15分钟，用水淀粉勾芡，淋入香油即成。

· 饮食一点通 ·

　　利水消肿，减肥瘦身。

栗子烧冬菇

用料 栗子、冬菇、葱段、蒜片、鸡精、白糖、酱油、淀粉、香油、植物油

做法 ①用刀在栗子上面横剞一刀（剞至栗肉的4/5处），入沸水锅待壳裂开捞出，剥壳去膜；冬菇择洗干净，去蒂，一切两半。②锅置火上，倒油烧热，放入葱段、蒜片炒香，倒入栗子、冬菇翻炒，加酱油、白糖和少许水，大火烧沸，放入鸡精，用淀粉勾薄芡，淋上香油，起锅装盘即成。

· 主厨小窍门 ·

　　栗子应焖至熟透，冬菇一定要焖入味，用淀粉调稀勾芡，要做到明汁亮芡。

泰式焖杂菌

用料 珊瑚菇、白肉菇、秀珍菇、香菇、草菇、姜片、鱼露、精盐、冰糖、植物油

做法 ①各种菌类去根洗净后焯水，然后捞起沥干水分。②锅内倒油烧热，加入姜片爆香，加入杂菌翻炒片刻，加入适量清水、鱼露、冰糖、精盐，盖上锅盖焖至汁收即可。

·饮食一点通·
> 健脾养胃，益智安神

平菇焖茭白

用料 平菇、茭白、青椒、洋葱、精盐、高汤、水淀粉、植物油

做法 ①平菇去柄洗净，切片；茭白去皮，切滚刀块，分别入热盐水中焯透；青椒切块备用。②锅中倒油烧热，放洋葱炒至变软时，加入平菇、茭白、青椒炒匀，倒入高汤煮沸，再加入水淀粉勾芡，投入精盐翻炒均匀即可。

·主厨小窍门·
> 也可以用香菇替换平菇，称香菇焖茭白

黄花菜蘑菇汤

用料 黄花菜、蘑菇、葱、香油、精盐

做法 ①葱洗净，切末；红辣椒去蒂、去子，切丝。②将黄花菜和蘑菇洗净，泡软、去蒂，放入锅中加水煮熟，调入精盐，滴入2～3滴香油，加入葱末即可。

·饮食一点通·
> 此汤不仅有塑身之效，还有保养之作用。如果要加强瘦身的效果，可以不加香油。

香焖腐竹

用料 水发腐竹、水发木耳、水发香菇、胡萝卜、植物油、葱花、精盐、酱油、白糖、香油

做法 ①水发腐竹切段；水发香菇切块；水发木耳撕小朵；胡萝卜切块。腐竹放入沸水中焯2分钟后捞出。②锅热倒油，下葱花、香菇块和腐竹段翻炒，倒入适量水、酱油、白糖，盖上锅盖焖至腐竹、香菇均变软，倒入胡萝卜和木耳，继续焖2分钟，调入香油、精盐炒匀即可。

· 饮食一点通 ·

清热润肺，健胃消食。

酱焖豆渣素丸子

用料 豆渣丸子、杭椒、豆瓣酱、芹菜、植物油、水淀粉

做法 ①杭椒洗净，切片；芹菜洗净，切段。②炒锅倒油烧热，放小杭椒，豆瓣酱炒香，然后放芹菜翻炒，加少许水烧开，放入豆渣丸子，加盖把丸子焖透，用水淀粉勾芡，出锅即可。

· 主厨小窍门 ·

也可以加上肉馅油炸，一样好吃。

奶汁豆腐

用料 豆腐、胡萝卜、油菜、牛奶、植物油、水淀粉、精盐、鸡精、姜丝、高汤

做法 ①胡萝卜洗净，切丁；油菜洗净，切片；豆腐洗净，入沸水锅内焯烫，捞出过凉，切丁。②锅置火上，倒油烧热，油热后下豆腐丁，煎至呈黄色时，下入姜丝，倒入牛奶、高汤，加入精盐烧沸，转小火加盖焖烧至奶香味飘出，转旺火，加入胡萝卜丁、油菜片，炒匀，用水淀粉勾芡，加鸡精拌匀，盛盘即成。

油焖豆腐

用料 豆腐、植物油、料酒、酱油、白糖、精盐、味精、葱、姜片、花椒、大料

做法 ①将豆腐切块，下入八成热的油锅中炸透，呈金黄色时，倒入漏勺。②原锅留适量底油，用葱、姜片、花椒、大料炝锅，烹料酒，加入酱油、白糖，添汤烧开，下入炸好的豆腐块，转小火慢焖至入味，见汤汁浓稠时，加入精盐、味精调味，拣去花椒、大料，用旺火收汁，淋明油，出锅装盘即可。

家常煎焖豆腐

用料 豆腐、蒜苗、精盐、味精、酱油、红椒、植物油、香油

做法 ①豆腐洗净，切块；蒜苗洗净切段；红椒洗净，切圈。②锅中倒油烧热，放入豆腐块煎至两面金黄色，放入蒜苗、红椒炒匀，加入适量清水煮至汁浓时，再加入精盐、味精、酱油拌匀调味，淋香油，出锅装盘即可。

·饮食一点通·

减少人体对糖分的吸收，补充蛋白质。

肉末烧粉丝

用料 细粉丝、猪肉、豆瓣酱、酱油、料酒、精盐、味精、葱、姜、蒜、植物油

做法 ①锅中倒油烧热，细粉丝入锅，炸至膨胀捞出沥油。②将豆瓣酱剁细；将葱洗净切末；蒜去皮洗净切末；姜去皮洗净切末。③锅中倒油烧热，放入肉末炒散，放豆瓣酱末、葱末、姜末、蒜末，炒片刻，倒入水，放入炸粉丝、精盐、味精，大火烧开，改用小火烧至粉丝熟透，汁收浓装盘即可。

·饮食一点通·

防衰老，抗氧化，抑菌消炎。

甜辣茄花

用料　长茄、肉馅、香菜段、葱姜蒜末、甜辣粉、白糖、酱油、精盐、味精、淀粉、番茄酱、植物油

做法　①将长茄洗净，去蒂，在茄子表面剞花刀，撒淀粉，酿上肉馅。②将番茄酱、白糖、酱油、精盐、味精调成味汁。③锅置火上，倒油烧热，放入葱姜蒜末炒香，烹入甜辣粉和味汁，加适量水，烧开，放入长茄烧至成熟，加淀粉勾芡，撒上香菜段即可。

家常炖萝卜粉丝

用料　青萝卜、粉丝、猪肉、植物油、精盐、味精、葱丝、鲜汤、胡椒粉

做法　①青萝卜洗净，切丝；粉丝用热水烫软；猪肉洗净，切丝。②锅内倒油烧热，下葱丝爆香，放猪肉丝滑散，加鲜汤，烧开后放萝卜丝、粉丝，待萝卜丝熟后，放精盐、味精、胡椒粉调味即可。

·饮食一点通·

益气补虚，温中暖下。

西米露煮香芋红薯

用料　瘦肉、香芋、红薯、香菜末、西米露、精盐、鸡精

做法　①瘦肉洗净切块，放入沸水锅汆烫，捞出备用。②香芋洗净，去皮切成块；红薯去皮切块。③取一炖锅，倒入西米露，放入瘦肉、香芋、红薯块、精盐、鸡精煮沸，待汤汁见浓时，撒入香菜末即可。

·饮食一点通·

补中益气，润肠通便。

余里脊片汤

用　料 猪里脊肉、角瓜、精盐、酱油、味精、清汤

做　法 ①猪里脊肉洗净，切薄片；角瓜洗净，切片。②锅置旺火上，放入清汤烧沸，加入酱油、精盐、猪里脊片烧沸，加入角瓜片、味精，煮至再沸即成。

·饮食一点通·

补肝肾，健脾胃，美容颜。

木樨汤

用　料 瘦猪肉、水发海米、鸡蛋、水发木耳、菠菜、清汤、味精、精盐、酱油

做　法 ①瘦猪肉洗净，切丝；菠菜洗净，切段；水发木耳洗净，切丝；鸡蛋磕入碗中打散。②锅置火上，倒入清汤，放入猪肉丝、海米、木耳、酱油、精盐、大火烧沸，转小火，淋入鸡蛋液，放入菠菜、味精，待蛋花漂浮于汤面即成。

·饮食一点通·

清热利湿，平肝降压。

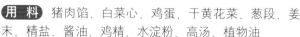

红烧丸子

用　料 猪肉馅、白菜心、鸡蛋、干黄花菜、葱段、姜末、精盐、酱油、鸡精、水淀粉、高汤、植物油

做　法 ①猪肉馅放盆中，磕入鸡蛋，加入姜末、水淀粉、精盐、鸡精、酱油拌匀成馅料，挤成丸子，入热油锅炸至五成熟，捞出沥油；白菜心洗净，切块；干黄花菜泡发洗净。②锅置火上，倒油烧热，放入葱段、白菜心、黄花菜炒香，倒入适量高汤，大火烧沸，放入丸子烧熟，调入精盐、酱油、鸡精，用水淀粉勾芡，出锅装盘即成。

红烧狮子头

用料 五花肉、香菇粒、海米粒、鸡蛋液、葱段、葱花、姜块、精盐、味精、白糖、酱油、料酒、水淀粉、清汤、植物油

做法 ①五花肉切小粒，加入香菇粒、海米粒、鸡蛋液、淀粉拌匀，做成猪肉丸。②锅中加油烧热，放入猪肉丸炸至稍硬，捞入沙锅中，锅留底油烧热，放入葱段、姜块炒香，烹入料酒，添加清汤，加入酱油、白糖烧沸，倒入沙锅中，用小火煮至熟透，捞出肉丸，原汤过滤，加入精盐、味精，用水淀粉勾芡，淋在肉丸上，撒上葱花即可。

茶树菇炖肉

用料 干茶树菇、五花肉、精盐、葱花

做法 ①干茶树菇泡发；五花肉切片。②将两者一起倒入高压锅炖30分钟，撒精盐和葱花即可。

> **·饮食一点通·**
>
> 　茶树菇是集高蛋白、低脂肪、低糖分、保健食疗于一身的纯天然无公害保健食用菌。

五花肉焖鲜笋

用料 竹笋、五花肉、南乳、八角、香叶、红椒、姜片、红糖、料酒、精盐、生抽、老抽

做法 ①将竹笋焯水待用；五花肉煮透切块。②将五花肉拌上南乳、八角、香叶、红椒、红糖、料酒、精盐、生抽、老抽、姜片腌渍入味。③将竹笋垫在锅底，然后将五花肉放在上面，加上水淹过肉，大火烧开，转小火慢慢炖至五花肉软烂，大火收干汁液即可。

百叶结炖肉

用料 猪肉、百叶、蒜苗、植物油、酱油、精盐、白糖、葱段、姜片、花椒、料酒

做法 ①将猪肉洗净，切块；百叶洗净，泡软，打结；蒜苗洗净，切成小段。②锅置火上，倒油烧至六七成热，下入肉块煸炒，炒去水分，放入酱油，炒至上色，下料酒、花椒、葱段、姜片和适量水，烧开，撇沫，改用小火炖至肉半酥，再下入百叶结、精盐、白糖同炖至肉质软烂，出锅，盛入盘内，撒上蒜苗段即可。

· 饮食一点通 ·
补中益气，生津润肠。

沙锅白肉汤

用料 熟猪肋条肉、水发粉丝、菜花、精盐、味精、高汤

做法 ①菜花焯水后切成小块；熟猪肋条肉切成大片。②沙锅中放入粉丝、菜花，再把肉片放在上面，加入用盐、味精调好味的高汤，炖20分钟即可。

· 主厨小窍门 ·
猪肉要煮熟凉凉后再切片，这样不变形。

农家大炖菜

用料 土豆、胡萝卜、芸豆、排骨、南瓜、精盐、味精、植物油

做法 ①土豆、胡萝卜、芸豆、南瓜均切条；排骨剁成小块。②锅置火上，倒油烧热，下入排骨炒至八成熟，加水，下入所有蔬菜条，炖至肉烂，加入精盐、味精调味，出锅装盘即可。

· 主厨小窍门 ·
补中益气，强身健体。

蒜子烧排骨

用料　排骨、净香菇、植物油、大蒜、香菜段、酱油、白酒、冰糖

做法　①锅中放入适量水，将排骨洗净，放入锅中氽烫片刻，捞出沥干。②锅中倒油烧热，放入大蒜、香菇、排骨、酱油、冰糖、白酒和适量水，大火烧沸，转中火焖至排骨熟烂，大火收汁，撒上香菜段即可。

・饮食一点通・
强筋健骨，补肾填精。

笋烧排骨

用料　猪肋排、鲜笋、葱段、姜片、八角茴香、精盐、料酒、味精、胡椒粉、辣椒油、上汤、植物油

做法　①猪肋排洗净剁成寸段；鲜笋切宽条。②净锅置火上，倒油烧至六成热，放入葱段、姜片和八角茴香炒香，烹入料酒，填入上汤调匀，放入排骨块和鲜笋条，用旺火烧沸，撇净浮沫，转小火焖至排骨块熟烂，捞出葱、姜和八角茴香不用，加入精盐、味精、胡椒粉调味，转旺火收浓汤汁，淋入辣椒油，出锅装盘即可。

红焖猪蹄

用料　猪蹄、香葱、植物油、酱油、白糖

做法　①猪蹄剁块，用高压锅煮30分钟。②炒锅倒油烧热，下入白糖炒至红色，放入煮熟的猪蹄，加入酱油，加入煮猪蹄的汤，煮至入味收汁即可。

・饮食一点通・
益气补血，减肥美容。

黄豆芽炖猪蹄

用料 猪蹄、黄豆芽、粉条、鲜汤、精盐、味精、胡椒、姜片

做法 ①将黄豆芽淘洗干净；将猪蹄剁成块，入沸水锅汆去血水。②锅中倒入鲜汤煮沸，放入猪蹄炖至软烂离骨，下黄豆芽、粉条煮至断生，加入精盐、味精、胡椒、姜片即可。

· 饮食一点通 ·

滋养气血，催生乳汁。

可乐烧猪蹄

用料 猪蹄、酱油、米酒、可乐、蒜瓣、辣椒、青葱、植物油、八角茴香

做法 ①将猪蹄去毛并洗净切段，用开水烫过；辣椒、青葱洗净，切段。②锅中倒油烧热，放入蒜瓣、辣椒、青葱爆香，加入酱油、米酒、可乐煮沸，放入猪蹄，用小火卤50分钟即可。

· 饮食一点通 ·

润泽肌肤，美容养颜。

金针烧猪皮

用料 金针菇、熟猪皮、姜丝、青尖椒、红尖椒、葱花、精盐、高汤、植物油

做法 ①熟猪皮切丝；青尖椒、红尖椒均切丝；金针菇洗净。②锅中倒油烧热，放入姜丝煸香，加入猪皮、青尖椒、红尖椒、精盐和高汤，大火烧开，放入金针菇，转小火慢慢炖至汁干，出锅，撒葱花即可。

· 饮食一点通 ·

调节血糖，预防糖尿病。

菠菜煮猪肝

用料 猪肝、菠菜、味精、精盐

做法 ①将菠菜去根洗净，切成段；猪肝洗净，切成片。②锅内加适量水，武火煮沸后，加入菠菜段、猪肝，稍滚后，加入味精、精盐调味即成。

· 饮食一点通 ·
养血清心，补肝明目。

红酒炖牛腩

用料 牛腩、西芹、姜片、红酒、精盐、味精、胡椒粉、植物油

做法 ①牛腩洗净切块，入沸水锅焯水捞出；西芹洗净，切菱形块。②锅内加油，放姜片、牛腩略炒，加水，用大火烧开，改用小火炖至牛腩熟烂，加红酒、西芹、精盐、味精、胡椒粉调味，稍炖即可。

· 主厨小窍门 ·
红酒不宜过早放入，应在牛腩八九成熟时放入。

黄精炖牛肉

用料 嫩牛肉、黄精、大枣、山楂、料酒、葱段、精盐、味精、姜片、香油

做法 ①将牛肉洗净，切块；黄精洗净；大枣、山楂洗净。②锅内加水烧开，放入牛肉块焯去血沫，捞出。③将黄精放入沙锅内，放入葱段、姜片、料酒、水烧开，放入牛肉、山楂，小火炖至五成熟，下入大枣、精盐，继续炖至熟烂，加入味精、香油即成。

· 饮食一点通 ·
补中益气，滋阴养血。

啤酒炖牛排

用料 无骨牛小排、洋葱、红萝卜、白萝卜、啤酒、水淀粉、精盐、白糖、植物油

做法 ①洋葱切片；红、白萝卜切块；牛小排氽烫切块。②取瓦锅加入少许油，油热后放入洋葱片炒香，继续加入红萝卜块、白萝卜块和牛小排一起拌炒均匀，放入啤酒，待用料煮开，盖紧锅盖焖煮30～40分钟，打开瓦锅盖加入精盐、白糖，用水淀粉勾芡即可。

私房烧牛肉

用料 牛肉、海带、豆芽、葱花、花椒、八角茴香、香油、精盐、酱油、白糖、植物油

做法 ①牛肉切块；海带切片。锅中倒油烧热，放入牛肉块炸至变色，捞出。②锅留底油烧热，放入葱花、花椒、八角茴香炝锅，加入酱油、白糖、精盐和适量清水，用旺火烧沸，放入牛肉块略熟，撇净浮沫，盖上盖，转微火炖至八成熟，再放入豆芽、海带片烧至牛肉熟烂入味，拣去花椒、八角茴香不用，加入精盐调味，淋入香油，装盘即可。

扒烧牛蹄筋

用料 牛蹄筋、火腿、冬笋、冬菇、鸡汤、淀粉、精盐、味精、白糖、料酒、植物油、酱油

做法 ①牛筋加卤水小火煮至熟烂，切厚片；火腿、净冬笋、冬菇均切片。②锅中倒油烧至四成热，放入火腿片、冬菇片、笋片略炒，放入牛蹄筋，加入料酒、酱油、精盐、白糖、鸡汤烧沸，转小火烧至蹄筋入味，调入味精，用淀粉勾芡，出锅装盘即成。

·饮食一点通·

可调节儿童体内的含锌量，增加儿童的食欲。

野山笋烧肚丝

用料 野山笋、肚丝、青椒、红椒、辣酱、水淀粉、精盐、味精、酱油、青椒、红椒、植物油、高汤

做法 ①野山笋、肚丝、青椒、红椒均切丝。②锅中倒油烧至七成热，放入辣酱炒香，加入所有食材丝，大火炒至熟，加入高汤，用水淀粉勾芡，加入精盐、味精、酱油调味即可。

·饮食一点通·

　清热利尿，活血祛风。

双冬烧肚仁

用料 牛肚、冬笋、香菇、葱、姜、八角茴香、料酒、蒜片、精盐、味精、酱油、淀粉、植物油

做法 ①牛肚加葱、姜、八角茴香、料酒，上火煮至熟烂；香菇、冬笋均切片。②锅中倒油烧热，放入葱末、姜末、蒜片炒香，加入牛肚块、香菇和冬笋片，旺火炒匀，添入鸡汤烧沸，加入酱油、精盐和味精调味，转小火烧至入味，用淀粉勾芡，出锅装盘即成。

烧双圆

用料 鸽蛋、牛肉丸、水发木耳、鸡汤、植物油、酱油、味精、料酒、葱花、姜末、水淀粉

做法 ①将鸽蛋煮熟去壳，放入少许酱油，把鸽蛋放热油锅中煎炸，炸至金黄色时捞出。②锅中倒油烧至八成热，加鸽蛋、牛肉丸、木耳、料酒、姜末翻炒片刻，加入鸡汤，烧至汤汁将干，用水淀粉勾芡，加味精，撒入葱花即可。

胡萝卜焖羊腩

用料 胡萝卜、羊腩、黄豆、高汤、老抽、豉油、精盐、胡椒粉、香菜、植物油

做法 ①羊腩洗净切块；胡萝卜去皮洗净，切块；黄豆淘洗干净。②炒锅倒油，放入羊腩大火翻炒片刻，加入适量高汤，放入黄豆、胡萝卜，调入老抽、豉油，加精盐、胡椒粉调味，焖煮至羊腩熟烂，盛出，撒上香菜即可。

·饮食一点通·

补虚祛寒，益肾气，开胃健脾。

羊肉粉皮汤

用料 羊肉、水发粉皮、料酒、姜块、葱段、精盐、味精

做法 ①羊肉剁成小段，焯水后洗净；粉皮切成块。②沙锅中放入羊肉块和水，加入料酒、姜块、葱段，煮沸后撇去浮沫，加盖炖一个半小时至羊肉熟烂，再加入粉皮炖10分钟，加盐、味精调味即可。

·主厨小窍门·

粉皮要选用不糊汤、久煮不烂的。

滋补羊肉汤

用料 羊肉、枸杞子、高汤、精盐、胡椒粉、鸡精、葱段、香油

做法 ①羊肉洗净，切片；枸杞子浸泡洗净。②净锅上火，倒入高汤，下入葱段、羊肉片、枸杞子，煲至熟，调入精盐、鸡精，淋入香油即可。

·饮食一点通·

补虚祛寒，益肾气，开胃健脾，通乳止带，助元阳，生精血。

枸杞炖兔肉

用料 兔肉、枸杞子、鸡精、精盐

做法 ①兔肉洗净，切成小块。②兔肉、枸杞子同入沙锅中，加适量水，用武火烧沸，转文火慢炖，兔肉熟烂后加入鸡精、精盐调味即可。

·饮食一点通·
　滋阴凉血，清热解毒。

大枣炖兔肉

用料 兔肉、大枣、精盐、鸡精、料酒

做法 ①兔肉洗净，切块，入沸水中焯一下，捞出沥水；大枣浸泡洗净。②沙锅内加入适量清水，放入兔肉、大枣，旺火烧沸，撇去浮沫，改文火炖至兔肉熟烂，加入精盐、鸡精、料酒调味即成。

·饮食一点通·
　补中益气，滋阴凉血。

青豆烧兔肉

用料 兔肉、青豆、植物油、葱花、姜末、料酒、精盐、鸡精

做法 ①兔肉洗净，切成大块，用料酒腌渍片刻，入沸水锅余去血水；青豆洗净，入沸水锅焯烫至变色，捞出沥水。②炒锅点火，倒油烧热，放入葱花、姜末煸香，加入兔肉、青豆炒熟，加精盐、鸡精调味即可。

·饮食一点通·
　青豆不宜久煮，否则易变色。

芋头烧子鸡

用料 芋头、子鸡、姜末、蒜末、干辣椒、花椒、味精、白糖、豆瓣、植物油

做法 ①芋头去皮洗净切块；子鸡切块。②锅中倒油烧至五成热，放入白糖用小火炒至变色，放入姜末、蒜末、豆瓣、干辣椒、花椒炒香，放入鸡块，炒至上色，再继续煸炒出水分，倒入适量水，旺火烧沸，转小火烧焖10分钟，放入煮好的芋头烧煮入味，撒上味精推匀，淋入香油，出锅装盘即可。

小鸡烧蘑菇

用料 带骨鸡肉、红蘑、葱花、姜片、料酒、酱油、精盐、白糖、味精、八角茴香、花椒、桂皮、植物油

做法 ①带骨鸡肉洗净，切块，用葱花、姜片、料酒、酱油、精盐、味精腌渍15分钟。②红蘑泡发洗净；将八角茴香、花椒、桂皮放入纱布袋中，做成香料包。③锅中倒油烧热，放入腌渍好的鸡块翻炒至变色，加入酱油、精盐、味精、白糖炒匀，加入水，放入红蘑，再放入香料包，盖上锅盖，炖1小时即可。

·饮食一点通·

温中益气，滋补养身。

红烧栗子鸡

用料 鸡肉、栗子、山药、冬菇、精盐、白糖、淀粉、酱油、姜汁、料酒、植物油

做法 ①鸡肉洗净切丝，放入碗内，加精盐、白糖、酱油、姜汁、料酒拌匀，腌20分钟；山药去皮，洗净切滚刀块。②栗子去壳，去皮，浸泡15分钟；冬菇泡发洗净，去蒂切丝，加少许植物油、精盐、白糖拌匀。③锅置火上，倒油烧热，放入山药、栗子、冬菇翻炒，倒适量水，稍煮，再加入鸡肉同煮，加盖，炖至栗子熟烂，调味，急火收汁，加入淀粉勾芡即成。

凤梨焖鸡

用料 子鸡、凤梨、果酱、精盐、白糖、植物油

做法 ①凤梨切块。②鸡洗干净切块，用果酱、白糖、精盐腌一下。③锅中倒油烧热，放入鸡块炒至五成熟，放入凤梨，加少量水，盖上盖焖至肉烂即可。

· 饮食一点通 ·

凤梨有止渴解烦、健脾解渴、消肿、祛湿、醒酒益气的功效。

山杞煲乌鸡

用料 乌鸡、山药、枸杞子、香油、姜片、料酒、精盐、清汤

做法 ①乌鸡治净，入沸水锅汆煮一下，捞出控净水分；山药去皮洗净，切片；枸杞子洗净。②乌鸡、山药、枸杞子、姜片一起放入炖锅中，倒入清汤，滴入少许香油，小火炖2小时，加精盐、料酒调味即可。

· 饮食一点通 ·

滋补肝肾，益气补血，调经活血。

参芪鸡汤

用料 鸡、党参、黄芪、姜片、精盐

做法 ①母鸡宰杀，治净，入沸水锅焯一下，捞出，控净水；黄芪、党参均洗净，同姜片一起装入鸡腹内。②汤锅中加入适量清水，放入母鸡，炖至鸡肉酥软，加适量精盐调味即可。

· 饮食一点通 ·

补气养血，收敛止血。

薏仁番茄炖鸡

用料 薏苡仁、鸡腿、番茄、精盐

做法 ①薏苡仁淘洗干净，入锅加适量水煮开，转小火熬40分钟。②鸡腿洗净切块，入沸水锅汆烫后捞出；番茄去皮洗净，切成块。③鸡腿、番茄加入薏米中，大火煮开后，再转小火煮至鸡肉熟烂，加精盐调味即可。

• 饮食一点通 •

　健胃止泻，增强免疫力。

红烧翅根

用料 鸡翅根、精盐、料酒、葱段、姜片、酱油、胡椒粉、香菜段、白糖、植物油、清汤

做法 ①鸡翅根洗净，放入大碗内，加入精盐、料酒、葱段、姜片、胡椒粉腌2小时，取出沥干。②净锅上火，倒油烧热，放入葱段、姜片炝香，烹入酱油，调入白糖，放入鸡翅根炒至上色，加清汤浸没翅根，大火烧2分钟，加适量精盐，小火焖煮10分钟，收汁起锅，撒入香菜段即可。

• 饮食一点通 •

　温中益气，补血填精，增强脑力。

花生米炖肫花

用料 鸡肫、花生米、精盐、味精、料酒、葱段、姜片、香油、鲜汤

做法 ①将鸡肫去杂质洗净，剞菊花刀，切成大块，放入沸水锅中烫一下，用漏勺捞出，洗去浮沫。②沙锅置火上，放入鸡肫、料酒、花生米、葱段、姜片、精盐、鲜汤，炖约90分钟，加入味精，淋香油即成。

• 饮食一点通 •

　健胃消食，促进人体新陈代谢。

银耳鸽子汤

用 料 鸽子、姜片、干银耳、醋、精盐

做 法 ①干银耳泡发洗净，鸽子切成小块。②锅中放入鸽子和姜片，放入适量水，用中火炖40分钟，加入银耳，再炖至用料熟透，加入精盐和醋即可。

· 饮食一点通 ·
> 补肾健体，清肺益气。

大枣鸽子汤

用 料 鸽子、红枣、咸肉片、鸡精、精盐、料酒、木耳、葱段、姜片、香油

做 法 ①鸽子宰杀处理干净，切大块，放入锅内，加适量水，倒入料酒、葱段、姜片，煮40分钟。②放入木耳、咸肉片、红枣，继续煮至鸽肉熟软，加精盐、鸡精调味，加葱段，淋香油即可。

· 饮食一点通 ·
> 健脾益胃，助消化。

腐竹焖草鱼

用 料 草鱼、腐竹、姜片、葱花、生抽、料酒、精盐、白糖、鸡精、植物油

做 法 ①将草鱼切块；腐竹泡发。②起油锅，热油将鱼煎至金黄，下腐竹，倒入适量水，加入料酒、精盐、生抽、姜片将鱼焖熟，起锅前用白糖、鸡精、葱花调味即可。

· 饮食一点通 ·
> 降脂，降压，瘦身，美容。

酱焖鲤鱼

用料 鲤鱼中段、植物油、料酒、酱油、黄豆酱、白糖、醋、精盐、味精、花椒油、葱、姜、水淀粉

做法 ①鲤鱼刮鳞洗净，在鱼身剞斜十字花刀，抹匀黄豆酱，入油锅煎成两面金黄，倒入漏勺沥油；葱切段；姜切块。②炒锅倒油烧热，放入葱段、姜块炝锅，烹料酒、醋、酱油、白糖、精盐，添汤烧开，下煎好的鲤鱼，转小火焖至汤汁浓稠时，加味精，用水淀粉勾芡，淋花椒油即可。

> **·饮食一点通·**
> 宽中下气，利水消肿。

冬瓜炖鲤鱼

用料 冬瓜、鲤鱼、金针菇、香菜末、香油、精盐、胡椒粉、味精、葱、姜块

做法 ①鲤鱼去鳞、去内脏，洗净；冬瓜去皮、去瓤，洗净，切块，下沸水锅焯烫透，捞出沥净水分；金针菇洗净。②汤锅上火烧开，下入鲤鱼、葱、姜、精盐，炖至八成熟时，再放入冬瓜、金针菇，炖至熟烂时，加味精，撒胡椒粉、香菜末，淋香油，出锅即可。

> **·饮食一点通·**
> 滋补脾胃，清热解毒。

贵州酸汤鱼

用料 鲤鱼、番茄、黄豆芽、木耳、植物油、香菜段、精盐、鸡精、白糖、醋、鲜汤、胡椒粉、葱姜丝

做法 ①鲤鱼治净，切块，入沸水锅汆烫后捞出，沥干；番茄洗净，入搅拌机搅打成泥；黄豆芽洗净；木耳用水泡发，洗净。②炒锅倒油烧热，下葱姜丝爆香，放入番茄泥炒香，加入鲜汤、黄豆芽、木耳，调入精盐、白糖、醋、鸡精、胡椒粉，放入鱼块，炖至鱼熟入味，撒香菜段即可。

五柳水浸鱼

用料 净鲤鱼、豆腐丝、葱姜丝、精盐、白糖、味精、酱油、醋、红椒丝、花椒

做法 ①锅中加水烧至60℃时将鲤鱼放入，氽烫一下取出，将鱼表面的黏液刮掉，去腥线，切花刀。②将鲤鱼放入锅中，加花椒，中火煮3分钟后关火再浸6分钟。③将豆腐丝放入鱼汤中浸一下，取出装盘，放入鲤鱼，用酱油、醋、精盐、味精、白糖、鱼汤调成汁浇在鱼身上，摆入葱姜丝、红椒丝即可。

红焖划水

用料 鱼尾、油菜、高汤、姜、蒜汁、酱油、蚝油、白糖、精盐、料酒、鸡精、植物油

做法 ①将鱼尾刮去鳞，撒上精盐搓一搓；油菜洗净沥干水。②用沸水将鱼尾煮约5分钟后，取出冲泡冷水以去除血水及腥味。③烧热油锅，将姜、蒜汁爆香，放入油菜炒软后取出，再加入酱油、白糖，用小火煮至起泡，放入料酒、高汤及鱼尾，盖上锅盖焖煮10分钟，出锅前将其余调料加入烧5分钟，再加入油菜即可盛盘。

鲇鱼炖茄子

用料 鲇鱼、茄子、五花肉、植物油、精盐、鸡精、姜蒜片、酱油、香葱末

做法 ①鲇鱼杀洗干净，直刀切片，入沸水中焯一下，捞出控水；茄子洗净撕成长块；五花肉洗净切片。②净锅上火，倒油烧热，下入姜蒜片炝香，放入五花肉煸炒至八成熟，烹入酱油，加入茄子稍炒，倒入水，下入鲇鱼，煲至熟，调入精盐、鸡精，撒入香葱末即可。

剁椒豆腐炖生鱼

用料 生鱼、豆腐、剁椒、精盐、料酒、胡椒粉、红椒、葱花、香醋、姜片、植物油

做法 ①生鱼洗好切块，用料酒、精盐、胡椒粉腌渍；豆腐切块；红椒切圈。②锅里倒油，将鱼块煎一下，放入清水、姜片，烧开后放入切好的豆腐和剁椒，稍微炖几分钟，等鱼炖好后，放入精盐、胡椒粉、红椒圈、香醋调味，烧开起锅，起锅后，放入葱花即可。

红烧肚档

用料 草鱼、葱花、姜末、葱段、精盐、酱油、味精、白糖、米醋、料酒、水淀粉、植物油

做法 ①草鱼洗净，取腹部肉，切长方形。②锅置火上，倒油烧热，下葱段爆香，入鱼块稍煎，烹入料酒，下姜末、酱油、白糖、米醋、精盐、味精，烧沸后改用小火炖10分钟，收汁用水淀粉勾芡，撒上葱花即可。

· 主厨小窍门 ·
　　取鱼腹部肉切块时，边缘要切整齐。

海带煲草鱼

用料 草鱼、海带结、植物油、精盐、鸡精、葱段、姜片、香油

做法 ①草鱼宰杀治净，剁成块；海带结洗净。②净锅上火，倒油烧热，下葱段、姜片爆香，投入草鱼块烹炒，倒入水，加入海带结，炖至熟透，调入精盐、鸡精，淋入香油即可。

· 主厨小窍门 ·
　　此道菜肴宜用鲜活鱼烹制；重用葱、姜以矫味；不宜长时间煲炖，否则影响口感与风味。

豆腐黑头鱼煲

用料 黑头鱼、豆腐、植物油、精盐、鸡精、葱段、姜片、香菜末

做法 ①黑头鱼治净剁块；豆腐切块。②净锅上火，倒油烧热，放入葱段、姜片爆香，倒入适量水，加入黑头鱼块、豆腐，煲至鱼熟，调入精盐、鸡精，撒入香菜末即可。

· 饮食一点通 ·

　鱼肉滑嫩，咸鲜味美，温中补虚。

昂刺鱼豆腐汤

用料 昂刺鱼、豆腐片、葱段、姜片、料酒、精盐、胡椒粉、色拉油

做法 ①昂刺鱼宰杀治净。②油锅烧热，放入葱段、姜片、昂刺鱼稍煸炒，加入清水、料酒，烧沸后撇去浮沫，加盖焖至鱼肉熟，加入豆腐片、精盐，拣去葱段、姜片，撒入胡椒粉即可。

· 主厨小窍门 ·

　昂刺鱼肉质细嫩，不宜久煮，焖烧很短时间即可烹熟。

酸菜煮团鱼

用料 团鱼、酸菜、植物油、精盐、清汤、味精

做法 ①团鱼洗净切小段；酸菜切成段。②锅中倒油烧热，倒入酸菜煸炒数分钟，加清汤、精盐，待开锅后放入鱼段，盖好锅盖，小火炖10分钟，鱼熟后放入味精调味即可。

· 饮食一点通 ·

　平肝熄风，软坚散结。

鲢鱼头炖豆腐

用料 鲢鱼头、豆腐、植物油、精盐、鸡精、葱花、姜丝

做法 ①鲢鱼头去鳃、去鳞洗净，从中间劈开；豆腐切块。②净锅上火，倒油烧热，投入葱花、姜丝炝香，下入鲢鱼头烹炒，倒入水，加入豆腐，小火煲至熟，调入精盐、鸡精即可。

·饮食一点通·
　温中益气，美容润肤。

干烧鱼头

用料 草鱼头、葱丝、姜片、蒜瓣、辣椒丝、淀粉、米酒、酱油、糖、胡椒粉、香油、植物油

做法 ①草鱼头洗净，以腌料抓腌，拍上淀粉，入油锅中以大火炸至表面金黄盛出。②锅中倒油烧热，爆香姜片、蒜瓣，淋上米酒及酱油，随即加入2杯水及糖、胡椒粉，放入鱼头转中火烧煮，见汤汁收汁剩约半杯水量时，倒入香油及少许淀粉勾芡，盛盘，放上葱丝、辣椒丝即可。

·主厨小窍门·
　也可将草鱼头换成鳙鱼头烹制。

白汁番茄鳜鱼

用料 鳜鱼、番茄、植物油、葱花、姜片、白汤、料酒、精盐、鸡精、胡椒粉

做法 ①在鱼身上划斜直刀，注意不要划得太深，洗净，沥水；番茄洗净切块。②锅置火上，倒油烧热，放入葱花、姜片炝锅，放入鳜鱼略煎，加料酒、白汤，旺火烧至汤色乳白，加入精盐、鸡精调味，放入番茄块略煮，撒入胡椒粉，装盘即可。

·主厨小窍门·
　鳜鱼的脊髓和臀鳍有尖刺，上有毒腺组织，制作菜肴前应剔掉。

家常烧鳝鱼

用料 鳝鱼、葱段、蒜末、豆瓣酱、剁椒、酱油、花椒、精盐、味精、料酒、醋、水淀粉、植物油

做法 ①鳝鱼宰杀治净，切段。②锅置火上，倒油烧至八成热，放入蒜末、花椒炒香，加入豆瓣酱、剁椒炒出红油，放入鳝鱼段爆炒至鳝鱼段卷缩，加入适量水、酱油、精盐、料酒、味精、醋，中火烧5分钟，用水淀粉勾芡，出锅装盘，撒上葱段即成。

· 饮食一点通 ·

健脑益智，补中益气。

金蒜烧鳝段

用料 鳝鱼、蒜头、精盐、白糖、老抽、料酒、干红椒、植物油

做法 ①鳝鱼治净，在背部均匀剞上花刀，斩成小段；干红椒洗净，切段；蒜头去皮，整颗备用。②锅中倒油烧热，放入蒜头、干红椒炸香，再放入鳝段大火煸炒，加入适量水、精盐、白糖、老抽、料酒大火烧开，再用小火焖3分钟，待汤汁浓稠时盛盘即可。

· 饮食一点通 ·

补气养血，滋补肝肾。

葱烧鳗鱼

用料 大葱、鳗鱼、精盐、味精、料酒、辣椒酱、酱油、香油、植物油

做法 ①鳗鱼治净，切段；大葱洗净切成斜段。②锅中倒油烧热，放入鳗鱼滑熟，放入葱段同烧，调入精盐、味精、料酒、辣椒酱、酱油拌匀，淋入香油即可。

· 饮食一点通 ·

补虚养血，强身健体。

鸽子鳖甲汤

用料 肉鸽、鳖甲、姜片、精盐、蒜瓣、花椒、葱段、鸡精

做法 ①肉鸽宰杀治净；鳖甲捣碎，放入肉鸽腹内，用线扎紧口。②肉鸽放入碗中，周围摆上蒜瓣、花椒、姜片、葱段，置锅中隔水炖煮，至熟烂后加精盐、鸡精调味即成。

·饮食一点通·

滋阴助阳，宣肺止咳。

明太鱼炖豆腐

用料 明太鱼、豆腐、姜片、红辣椒、料酒、酱油、蚝油、精盐、植物油

做法 ①明太鱼治净，切块，入热油锅煎到略微变黄。②把明太鱼放入石锅，加料酒、酱油、蚝油、姜片、红辣椒、豆腐，添满水盖上盖，大火炖开锅后转小火炖15分钟，用精盐调味即成。

·饮食一点通·

明太鱼与其他海鲜相比，高蛋白、低脂肪，味道清爽。

五香烧带鱼

用料 带鱼、葱末、蒜片、姜片、精盐、五香粉、味精、白糖、酱油、料酒、植物油

做法 ①带鱼切块，锅置火上，倒油烧至七成热，放入带鱼块冲炸片刻，捞出沥油。②锅中留底油烧热，放入葱末、姜片和蒜片炝锅出香味，烹入料酒，加入酱油、白醋、五香粉、白糖、精盐、味精和清水烧沸，放入带鱼段，转小火焖至带鱼熟透，转旺火收汁，出锅装盘即可。

酱煮紫苏

用料 紫苏、小鱼干、蒜、酱油、白糖

做法 ①紫苏、小鱼干洗净，沥干水分；蒜头去皮，切片。②锅置火上，倒入适量水，加入紫苏、小鱼干、蒜片、酱油、白糖，中火煮熟即可。

· 饮食一点通 ·

紫苏全株均有很高的营养价值，它具有低糖、高纤维、高胡萝卜素、高矿质元素等特点。

虾米冬瓜汤

用料 冬瓜、虾米、植物油、精盐、鸡精、胡椒粉、香菜、葱姜末、香油

做法 ①冬瓜去皮、去子，洗净切片；虾米用温水泡20分钟，洗净。②净锅上火，倒油烧热，下入葱姜末、虾米炒香，加入冬瓜煸炒至八成熟时，倒入水烧沸，调入精盐、鸡精、胡椒粉，撒入香菜，淋入香油即可。

· 饮食一点通 ·

清热解暑，美容养颜。

生焖大虾

用料 大虾、番茄酱、白糖、葱、姜、精盐、料酒、香油、鲜汤、水淀粉、植物油

做法 ①将大虾剪去虾足、虾须，挑去虾线，洗净；姜切片；葱切段。②炒锅内倒油烧热，下入葱段、姜片炝香，下入大虾煎至变色，烹入料酒略焖，加入鲜汤、精盐、番茄酱、白糖焖熟，用水淀粉勾芡，淋入香油，出锅摆入盘内即成。

· 饮食一点通 ·

补肾壮阳，益气通乳。

白菜樱花虾

用料 白菜、油豆腐、樱花虾、精盐、鸡精、植物油

做法 ①油豆腐放入沸水锅汆烫片刻，捞起沥水，切条；白菜洗净，放入沸水锅焯烫片刻，捞起沥干，切段。②锅置火上，倒油烧热，放入樱花虾炒香，加入油豆腐条、白菜段炒匀，倒入适量水，大火烧沸，转小火焖至汤汁将干，白菜变软，加精盐、鸡精调味即成。

· 饮食一点通 ·

通乳生乳、补肾壮阳。

芦笋烧虾仁

用料 芦笋、鲜虾、葱姜丝、精盐、鸡精、料酒、淀粉、植物油

做法 ①芦笋去根，洗净，切斜段；鲜虾去头、去尾、去壳，挑出虾线，洗净。精盐、鸡精、料酒、淀粉调成味汁。②炒锅倒油烧热，投入葱姜丝炒香，放入芦笋段炒熟，倒入鲜虾，淋入调味汁，大火收汁即可。

· 主厨小窍门 ·

芦笋营养丰富，但不宜多吃，也不宜久放，存放一周以上最好就不要食用了。

红烧虾球

用料 鲜虾仁、鸡蛋清、鸡精、淀粉、植物油、葱姜丝、料酒、酱油、白糖、精盐、清汤

做法 ①鲜虾仁洗净，剁成泥，放入碗中，加入精盐、鸡精、鸡蛋清、料酒、淀粉调匀。②炒锅倒油烧至六成热，将虾肉挤成红枣大小的丸子，逐个放入锅中，炸至虾丸呈金黄色，捞出沥油。锅留底油烧热，放入葱姜丝、酱油、白糖、清汤和虾丸，小火煨熟即成。

· 饮食一点通 ·

健脑益智，养胃润肠。

荷塘月色

用料 虾仁、菱角、蚕豆、莼菜、白糖、五香粉、精盐、味精

做法 ①虾仁洗净；菱角煮熟去壳；蚕豆煮熟去皮。②锅中倒入水，加莼菜煮开，下入虾仁、菱角、蚕豆瓣稍煮，加入少许白糖、五香粉、精盐调味即可。

> **·饮食一点通·**
> 益智健体，养血补血。

野山菌烧扇贝

用料 扇贝肉、野山菌、香菜段、精盐、水淀粉、味精、酱油、蒜蓉辣酱、香油、植物油

做法 ①将扇贝肉洗净，放入沸水中焯熟，捞出沥干，装入盘中；野山菌洗净，用沸水焯烫片刻，捞出沥干。②锅中倒油烧热，放入蒜蓉辣酱炒香，放入野山菌，加入精盐、味精、酱油炒匀，用水淀粉勾芡，淋入香油，撒上香菜段，倒在扇贝肉上即可。

霉菜焖淡菜

用料 霉干菜、淡菜、蒜末、辣椒末、酱油、白糖、香油、料酒、植物油

做法 ①霉干菜洗净，切碎。淡菜用水洗净，再用少量温水浸泡，使其软化后捞起备用。②锅中倒油烧热，放入蒜末、辣椒爆香，依次放入淡菜、霉干菜翻炒均匀，加入全部调味料，大火煮沸，改小火焖煮至汤汁收干，盛入盘中即可。

> **·饮食一点通·**
> 淡菜是贻贝的干制品，贻贝也叫海红，是驰名中外的海产品，有很高的营养价值。

双耳焖海参

用料 海参、姜片、葱段、木耳、银耳、精盐、蚝油、高汤、植物油

做法 ①海参解冻后洗净，焯水后切条。②木耳、银耳用清水浸软后择洗干净。③锅内放少量油烧热，加入姜片和葱段爆香，加入海参、木耳、银耳翻炒片刻，整锅连汁换到沙煲中，加入精盐、蚝油、高汤，盖上锅盖焖至汁收即可。

> ·饮食一点通·
>
> 补虚养血，强身健体。

石锅焖海参

用料 海参、洋葱、大葱、香菜、黄油、料酒、浓汤、蚝油、白糖、精盐、植物油、水淀粉

做法 ①将海参洗净肚里泥沙，改刀成片；大葱切段。洋葱切丝，放加热的石锅内，加黄油煸香。②锅中倒油炒香葱段，加料酒、浓汤、蚝油、白糖、精盐，放入海参烧至入味，用水淀粉勾芡，放入加热的石锅内盖上盖，焖至香气四溢即可。

鲍鱼焖土豆

用料 鲍鱼、五花肉、土豆、香菜段、瑶柱汁、大酱、蚝油、植物油

做法 ①把鲍鱼剥壳，处理干净；土豆切成块状；五花肉切片。②锅中倒油烧热，炒香五花肉，变色后加瑶柱汁、大酱、蚝油，加水浇开，加入鲍鱼、土豆块炖至熟，撒上香菜段，收汁即可。

> ·饮食一点通·
>
> 益肠胃，化痰，理气。

第 4 章

家常主食糕点粥

杂粮南瓜饭

用 料 高粱米、糙米、紫米、糯米、红小豆、花生米、小南瓜

做 法 ①小南瓜洗净，对半切开，取一半，去子、洗净、制成瓜盅。②杂粮洗净，混合拌匀装入瓜盅里，上笼蒸熟即成。

· 饮食一点通 ·

营养丰富，有很好的食补作用。

土豆焖饭

用 料 大米、土豆、肥瘦猪肉、葱姜蒜末、酱油、植物油

做 法 ①土豆去皮洗净，切丁；肥瘦猪肉洗净，切丁；大米淘洗干净。②锅置火上，倒油烧热，放入肉丁、葱姜蒜末煸香，倒入酱油炒至肉丁五成熟，熄火。③大米、土豆、肉丁同放入电饭锅拌匀，焖熟即成。

· 饮食一点通 ·

补气，健胃，消食。

牡蛎蒸米饭

用料 大米、牡蛎、芝麻、葱末、蒜蓉、酱油、辣椒粉、胡椒粉、香油

做法 ①牡蛎去壳取肉，洗净，捞出沥水。②大米淘洗干净，入锅内蒸熟，加入牡蛎肉，继续蒸至牡蛎肉熟。③将牡蛎米饭盛入碗中，加入酱油、辣椒粉、葱末、蒜蓉、香油、芝麻、胡椒粉，拌匀即成。

·饮食一点通·

滋阴养血，补肾壮阳。

牛肉饭

用料 牛肉、香米、菜心、姜丝、精盐、味精、胡椒粉、植物油

做法 ①牛肉洗净切片，加精盐、味精、胡椒粉、姜丝腌渍入味；菜心洗净，切去头尾，入沸水锅焯熟，摆入大碗周边。②香米淘洗干净，放入煲中，加入适量清水和少许植物油，煮至饭刚熟时转用微火，放入牛肉片焖至熟烂，盛入菜心碗中即成。

·饮食一点通·

补中益气，强健筋骨。

五香糯米卷

用料 糯米、火腿、鸡蛋皮、辣椒丁、精盐、味精、白糖、香油、猪油

做法 ①糯米淘洗干净，浸泡30分钟，捞出倒入蒸锅中，加入适量清水蒸熟成糯米饭；火腿切小粒。②糯米饭中加入火腿粒、辣椒丁，调入精盐、味精、白糖、猪油、香油拌匀，用鸡蛋皮包好，再上笼蒸5分钟，取出切段，摆在盘中即成。

·饮食一点通·

糯米性平，味甘，有补中益气、健脾养胃、益精强志、聪耳明目、止烦、止渴等功效。补肾强身，除湿利水。

家常盖浇饭

用料 热米饭、黄瓜、四季豆、香肠、鸡蛋、精盐、味精、水淀粉、植物油

做法 ①黄瓜去皮，洗净切丁；四季豆洗净切丁，入沸水锅焯烫至变色，捞出沥水；香肠切丁；鸡蛋磕入碗中搅散，加少许水，入锅隔水蒸熟，取出，划成小块。②炒锅倒油烧热，放入四季豆炒熟，倒入黄瓜丁、香肠丁翻炒片刻，加入鸡蛋块翻炒，加精盐、味精和适量水，用水淀粉勾芡，浇在米饭上即成。

·饮食一点通·

益气健脾，利水消肿。

排骨盖饭

用料 米饭、排骨、酱油、精盐、料酒、葱段、姜片、大料、淀粉、植物油

做法 ①排骨洗净，控干水，剁成段，加酱油、淀粉拌匀，放入热油锅炸至金黄色，捞出沥油。②炸排骨块放入锅中，加适量水、酱油、料酒、精盐、大料、葱段、姜片，大火烧沸，转小火焖至排骨酥烂，盛在米饭上即成。

红烧肉盖饭

用料 五花肉、米饭、生菜叶、萝卜丁、葱丝、精盐、酱油、白糖、料酒、植物油

做法 ①五花肉洗净，切块；生菜叶洗净，切碎。②炒锅倒油烧热，放葱姜丝爆香，放入肉块煸炒，加料酒、酱油、适量水、精盐、白糖焖烧至熟，加入萝卜丁，翻炒收汁，盛出浇在米饭上，撒入生菜叶即成。

·饮食一点通·

强身健体，润肤美容。

青豆火腿炒饭

用料 米饭、火腿丁、玉米粒、青豆、油菜、鸡蛋、精盐、味精、胡椒粉、植物油

做法 ①油菜洗净，切段，与玉米粒、青豆一起入沸水锅焯水烫透，捞出沥干；鸡蛋磕入碗中打散。②炒锅倒油烧热，倒入鸡蛋液炒成蛋块，加入火腿丁、米饭炒散，加入玉米粒、青豆、油菜段、精盐、味精、胡椒粉，翻拌均匀即成。

· 饮食一点通 ·

健脑益智，美容养颜。

招牌炒饭

用料 米饭、瑶柱丝、火腿、鸡蛋黄、虾仁、葱花、酱油、植物油

做法 ①火腿切片；鸡蛋黄搅匀成蛋液；虾仁去除虾线，洗净。②锅置火上，倒油烧热，放入米饭翻炒片刻，加入火腿片、鸡蛋液、虾仁、葱花炒匀，调入酱油炒匀出锅，撒上瑶柱丝即成。

· 饮食一点通 ·

美味可口，营养丰富。

虾仁炒饭

用料 米饭、黄瓜、虾仁、鸡蛋、葱末、精盐、味精、胡椒粉、植物油

做法 ①鸡蛋磕入碗内搅散；黄瓜洗净，切丁；虾仁去虾线，洗净。②炒锅倒油烧热，倒入鸡蛋液炒成鸡蛋块。③另锅倒油烧热，放葱末爆香，加米饭、鸡蛋、黄瓜丁、虾仁、精盐、胡椒粉、味精，翻炒均匀即成。

· 饮食一点通 ·

补肾壮阳，健脾化痰。

豇豆粥

用料　大米、豇豆

做法　①豇豆洗净，去蒂、去筋，切段。②大米淘洗干净，放入锅内，加适量水，置大火上烧沸，再改小火熬煮至大米熟，加入豇豆，烧沸，再煮5~8分钟即成。

·饮食一点通·

养肾气，除胃热。

双豆荞麦糙米粥

用料　黑豆、毛豆、荞麦、糙米、姜片

做法　①黑豆、毛豆、糙米均洗净，清水浸泡8小时；荞麦洗净。②黑豆、毛豆、糙米同放入锅中煮熟，加入荞麦、姜片，大火煮沸，转小火煮5分钟即成。

·饮食一点通·

调理脾胃，助睡安神。

杂粮粥

用料　糙米、黄豆、黑豆、南瓜、莴笋

做法　①糙米、黄豆、黑豆洗净，放入高压锅中煮成米豆饭；南瓜洗净，切丁；莴笋洗净，切段。②米豆饭、南瓜、莴笋同入锅中煮成粥即成。

·饮食一点通·

通便润肠，减肥瘦身。

银耳山楂粥

用料 银耳、山楂、大米、白糖

做法 ①大米用冷水浸泡30分钟，洗净，捞出沥干；银耳泡发洗净，切碎；山楂洗净，切片。②锅置火上，放入大米，倒入适量清水煮至米粒开花，放入银耳、山楂同煮片刻，待粥至浓稠状时，调入白糖拌匀即成。

·饮食一点通·

健脾开胃，滋阴润燥。

美体丰胸粥

用料 紫葡萄、木瓜、白糖、大米

做法 ①紫葡萄去皮；木瓜切成块。②大米加水煮成粥，放白糖、木瓜块、葡萄调匀即成。

·饮食一点通·

长期食用可以美体丰胸。

花生大枣粥

用料 糯米、花生仁、大枣、红糖

做法 ①花生仁洗净，清水泡5小时；糯米淘洗干净，清水浸泡1小时；大枣泡洗干净。②锅置火上，放入花生仁、糯米，加水，大火烧开后，改小火煮熟，再加入大枣，小火继续煮10分钟，调入红糖即成。

·饮食一点通·

美容养颜，益智健脑。

糯米银耳粥

【用　料】 糯米、银耳、玉米粒、白糖、葱花

【做　法】 ①银耳用清水泡发洗净；糯米洗净；玉米粒洗净。②锅置火上，倒入清水，放入糯米煮至米粒开花，放入银耳、玉米粒，转小火煮至粥成浓稠状，调入白糖，撒上葱花即成。

·主厨小窍门·

银耳泡发到完全膨胀即可。

皮蛋瘦肉薏米粥

【用　料】 皮蛋、瘦肉、薏苡仁、大米、枸杞子、葱花、精盐、胡椒粉、香油

【做　法】 ①大米、薏苡仁均洗净，用清水浸泡1小时；皮蛋去壳，洗净切丁；瘦肉洗净，切块。②锅置火上，倒入清水，放入大米、薏苡仁煮至略带黏稠状，放入皮蛋、瘦肉、枸杞子煮至粥将成，加精盐、香油、胡椒粉调匀，撒上葱花即成。

·主厨小窍门·

将皮蛋放在手掌中掂一掂，颤动大的品质好。

萝卜猪肚粥

【用　料】 猪肚、白萝卜、大米、葱花、姜末、精盐、味精、料酒、醋、胡椒粉、香油

【做　法】 ①白萝卜洗净，去皮，切块；大米淘洗干净；猪肚洗净，切条，加入精盐、味精、料酒拌匀腌渍30分钟。②锅中倒水，放入大米，大火烧沸，放入猪肚、姜末，滴入醋，转中火，放入白萝卜，慢熬成粥，加入精盐、味精、胡椒粉调味，淋香油，撒上葱花即成。

·主厨小窍门·

宜选用细嫩光滑、结实的萝卜。

生姜猪肚粥

用料 猪肚、大米、生姜、葱花、精盐、料酒、味精、香油

做法 ①生姜洗净，去皮，切末；大米淘净，浸泡30分钟；猪肚洗净，切条，加精盐、料酒腌渍10分钟。②锅中倒水，放入大米，大火烧沸，放入猪肚、姜末，熬煮至米粒开花，改小火熬至粥浓稠，加精盐、味精调味，滴入香油，撒上葱花即成。

·饮食一点通·

补气活血，强筋骨。

猪肝南瓜粥

用料 猪肝、南瓜、大米、葱花、料酒、精盐、味精、香油

做法 ①南瓜洗净，去皮，切块；猪肝洗净，切片；大米淘净。②锅中倒水，放入大米，大火烧沸，放入南瓜，转中火熬煮至粥将熟，放入猪肝，加精盐、料酒、味精调味，煮至猪肝熟透，淋香油，撒上葱花即成。

·主厨小窍门·

也可先将猪肝用沸水煮至变色后捞出备用。

陈皮猪肚粥

用料 陈皮、猪肚、黄芪、大米、精盐、鸡精、葱花

做法 ①猪肚洗净，切条；大米淘净，浸泡30分钟，捞出沥干；黄芪、陈皮均洗净，切碎。②锅中倒水，放入大米，大火烧沸，放入猪肚、陈皮、黄芪，转中火熬煮至米粒开花，转小火熬至粥浓稠，加精盐、鸡精调味，撒上葱花即成。

·主厨小窍门·

储存越久的陈皮越好。

香菇猪蹄粥

用料 大米、净猪蹄、香菇、姜末、香菜末、精盐、鸡精

做法 ①大米淘净，浸泡30分钟，捞出沥水；净猪蹄切块，入锅炖熟，捞出；香菇洗净，斜刀切片。②大米入锅，加适量水煮沸，放入猪蹄、香菇、姜末，中火熬煮至粥出香味，调入精盐、鸡精，撒上香菜末即成。

·饮食一点通·

补气养血，强筋骨。

牛肉菠菜粥

用料 牛肉、菠菜、大枣、大米、姜丝、精盐、鸡精

做法 ①菠菜洗净，切碎；大枣洗净，去核，切丁；大米淘净，浸泡30分钟；牛肉洗净，切片。②锅中加适量清水，放入大米、大枣、姜丝，大火烧沸，放入牛肉，转中火熬煮至牛肉熟，放入菠菜熬煮成粥，加精盐、鸡精调味即成。

·主厨小窍门·

菠菜食用前可以先焯水去除草酸。

羊肉生姜粥

用料 羊肉、生姜、大米、葱花、精盐、鸡精

做法 ①生姜去皮洗净，切丝；羊肉洗净，切片；大米淘净。②大米入锅，加适量清水，大火煮沸，放入羊肉、姜丝，转中火熬煮至米粒开花，改小火熬至粥香，调入精盐、鸡精搅匀，撒上葱花即成。

·饮食一点通·

补肾壮阳，健脾化痰。

香菇鸡肉包菜粥

用料 大米、鸡脯肉、卷心菜、水发香菇、葱花、精盐、料酒

做法 ①鸡脯肉洗净，切丝，加料酒腌渍10分钟；卷心菜洗净，切丝；大米淘洗干净；水发香菇洗净，切丝。②锅中加适量清水，放入大米，大火烧沸，放入香菇、鸡肉、卷心菜，转中火熬煮至粥稠，加精盐调味，撒上葱花即成。

· 主厨小窍门 ·

卷心菜如用手撕开，可保持纤维的完整，更有营养。

上汤牛河

用料 油菜、河粉、熟牛肉片、葱花、高汤

做法 ①油菜洗净，纵向切开，放入沸水锅焯烫片刻，捞出沥水。②河粉用温开水浸泡30分钟，放入煮沸的高汤中煮熟，装入碗中，上面摆上油菜、熟牛肉片，撒上葱花即成。

· 饮食一点通 ·

鲜嫩爽口，强筋健骨。

咸鲜五仁粽

用料 糯米、花生仁、核桃仁、瓜子仁、芝麻、虾仁、面粉、精盐、味精、香油、猪油

做法 ①虾仁挑去虾线，洗净切丁，加入花生仁、核桃仁、瓜子仁、芝麻混合成五仁馅料；糯米淘洗干净，放入沸水锅煮至七成熟，捞出沥干水分。②糯米与五仁馅料一同放入盆中，加入精盐、猪油、香油、面粉、味精和匀，用粽叶捆扎包紧，上笼屉旺火足气蒸45分钟，取出即成。

糯米豆沙饼

用料 糯米粉、甜豆沙馅、芝麻

做法 ①糯米粉加入适量水拌匀，制成软硬适中的面团，下剂按扁，包入甜豆沙馅，蘸匀芝麻，按扁成圆形。②将圆形糯米饼放入电饼铛煎烙至金黄色即成。

·饮食一点通·
麻香甜糯，味甜可口。

山药饼

用料 山药、糯米粉、精盐、五香粉、植物油

做法 ①山药去皮洗净，切块，放入蒸锅蒸熟，凉凉。②熟山药压碎，放入糯米粉中，加入精盐、五香粉、植物油拌匀，下剂按扁成圆形，放入电饼铛煎烙至两面金黄色即成。

·饮食一点通·
饼糯咸香，适合儿童及中老年人食用。

双色糍粑

用料 糯米、黑米、油酥花生、白糖、植物油

做法 ①糯米、黑米均洗净，浸泡2小时，捞出沥水，放入蒸锅蒸30分钟，取出凉凉。②锅置火上，倒油烧热，放入糯米、黑米、白糖、适量水，将糯米、黑米炒至拉长丝，放入油酥花生炒匀，倒在四方盒内压实，凉后切开，直接食用或煎炸食用皆可。

·饮食一点通·
口感甜糯，色泽分明。

玉米发糕

用料 面粉、玉米面、白糖、泡打粉、酵母

做法 ①面粉、玉米面、白糖、泡打粉同入盆中，混合均匀；酵母溶于温水中，混合均匀后倒入盆中，揉成均匀的面团；将面团放入铺好屉布的笼屉中，盖上锅盖于温暖处饧发1小时。②笼屉放入蒸锅中，大火蒸20分钟即成。

> **·饮食一点通·**
>
> 入口香甜，润肠通便。

肉末番茄面

用料 挂面、番茄、瘦肉馅、洋葱、精盐、植物油

做法 ①番茄去皮洗净，切丁；洋葱洗净，切末；挂面入锅煮熟，捞出装碗。②锅置火上，倒油烧热，放入瘦肉馅、番茄煸炒片刻，加精盐调味，倒在面条上，搅拌均匀即成。

家常肉末卤面

用料 面条、肉末、香菜末、葱花、姜末、蒜蓉、精盐、酱油、料酒、白糖、味精、植物油

做法 ①炒锅倒油烧热，放葱花、姜末爆香，放肉末煸炒，烹入酱油、料酒和少许水烧沸，加入白糖、精盐、味精、蒜蓉，调匀成卤汁。②锅内加入清水烧沸，放入面条煮熟，捞入大汤碗内，倒入卤汁，撒入香菜末拌匀即成。

> **·饮食一点通·**
>
> 补中益气，开胃消食，强身健体。

炸酱面

用料 手擀面、五花肉、黄瓜、胡萝卜、葱末、黄酱、料酒、味精、白糖、香油、植物油

做法 ①黄瓜、胡萝卜均洗净，切丝；五花肉洗净，切丁。②炒锅倒油烧热，放葱末、肉丁煸香，加入黄酱、适量水、料酒、白糖炒熟，加味精、香油调匀成炸酱卤。③锅中倒水烧沸，放入面条煮熟，捞入大汤碗内，放上黄瓜丝、胡萝卜丝，再浇入炸酱卤即成。

爆锅面

用料 面条、卷心菜、蛋皮丝、精盐、味精、植物油

做法 ①卷心菜洗净，切丝。②锅置火上，倒油烧热，放入卷心菜煸炒片刻，加入蛋皮丝、适量水烧沸，放入面条煮熟，加入精盐、味精调味，出锅即成。

· 饮食一点通 ·

清淡可口。

红烧肉面

用料 宽面条、红烧肉、木耳、香菇、菜心、葱姜丝、精盐、味精、料酒、植物油

做法 ①木耳、香菇均泡发洗净，撕成片；菜心洗净；红烧肉切块；宽面条煮熟，捞入碗中。②炒锅倒油烧热，放入红烧肉、葱姜丝爆香，加入料酒、精盐、味精、适量水，放入木耳、香菇，大火煮沸，再加入菜心稍煮，离火，倒入碗中即成。

· 主厨小窍门 ·

用鲜汤代替水味道会更鲜美。

刀削面

用料 面粉、猪肉、卷心菜、绿豆芽、芝麻、精盐、醋、香油、淀粉、酱油、植物油

做法 ①面粉加水和成面团；芝麻炒熟，碾成粉末，加精盐拌匀；卷心菜洗净切丝，同绿豆芽一起焯水，过凉。②猪肉洗净切丁，放入热油锅中略煸，加精盐、醋、香油、酱油、淀粉调成卤汁。③用特制刀具将面团削成条，放开水锅中煮熟，过凉水后捞入碗中，浇卤汁，撒芝麻盐，放卷心菜丝、绿豆芽即成。

·饮食一点通·

补中益气，开胃消食。

鲑鱼面

用料 鲑鱼肉、面条、葱末、精盐、高汤、香油

做法 ①鲑鱼肉洗净，放入沸水锅氽烫至熟，捞出切片；面条入锅煮熟，盛碗中。②高汤倒入锅中，放入鲑鱼肉煮沸，加入少许精盐调味，倒入面条碗中，撒上葱末，淋上香油即成。

·饮食一点通·

补虚劳，健脾胃，暖胃和中。

长寿面

用料 细面条、鸡蛋、香菇、鲜笋、虾仁、葱姜末、精盐、味精、香油、植物油

做法 ①鸡蛋打入沸水锅中煮成荷包蛋，捞出；香菇、鲜笋洗净切丝；虾仁去虾线，洗净切丁。②炒锅倒油烧热，放入葱姜末炝锅，加适量水烧沸，倒入面条煮熟，加入香菇丝、笋丝、虾仁略煮，加精盐、味精、香油调味，起锅盛入碗中，将荷包蛋放在面条上即成。

·饮食一点通·

清热保肝，降脂降压。

担担面

用料 细圆面条、花生末、葱末、蒜泥、芝麻酱、酱油、白糖、香醋、红油、香油

做法 ①净锅倒水烧沸，放入细圆面条煮熟，投凉沥水，捞入碗内。②酱油、香油、白糖、香醋、红油、蒜泥、芝麻酱、花生末调匀，倒入面条碗中，撒上葱末，食用前拌匀即成。

·饮食一点通·

健脾开胃，鲜香可口。

羊肉炒面片

用料 面片、羊肉片、洋葱、青椒、精盐、鸡精、料酒、胡椒粉、香油、植物油

做法 ①面片入沸水锅煮熟，捞出投凉沥水；洋葱、青椒均洗净，切片。②锅置火上，倒油烧热，放入洋葱片爆香，倒入羊肉片炒熟，加入面片、青椒片同炒，加入料酒、精盐、鸡精、胡椒粉，翻炒均匀，淋入香油，出锅即成。

虾仁炒面

用料 细圆面条、鲜虾仁、小番茄、蒜末、酱油、鸡精、料酒、胡椒粉、鲜汤、植物油

做法 ①面条煮熟，投凉沥水；小番茄洗净，切成两半；虾仁挑去虾线，洗净。②炒锅倒油烧热，放入虾仁煸炒至六成熟，倒入鲜汤，放入小番茄、料酒、酱油，倒入面条拌炒至汤汁将干，放入蒜末、胡椒粉、鸡精炒匀即成。

·饮食一点通·

补血，降压，增强机体免疫力。

主厨沙拉通心面

用料 培根、管状通心面、苹果丁、西芹丁、奶酪、沙拉酱、橄榄油

做法 ①通心面放入滚水锅煮熟，捞出凉凉；培根用平底锅煎熟，切丁。②通心面、培根、苹果丁、西芹丁同入碗中，加入沙拉酱、奶酪、橄榄油拌匀即成。

·主厨小窍门·

煮通心面的时候，可以加一勺盐，不但不会粘锅，色泽也非常好看。

鸡丝馄饨

用料 馄饨皮、猪肉馅、熟鸡丝、鸡汤、葱姜末、胡萝卜末、紫菜末、香菜末、精盐、味精、香油

做法 ①猪肉馅加葱姜末、香油、精盐、味精搅匀成馅料。②取馄饨皮包入馅料，做成馄饨生坯。③锅内倒入鸡汤烧沸，放入馄饨生坯煮熟，加入熟鸡丝、胡萝卜末、紫菜末、香菜末、精盐、味精、香油调味即成。

·饮食一点通·

口味鲜嫩，汤汁浓香。

海带豆腐素包

用料 烫面团、水发海带、豆腐、粉丝、葱姜末、精盐、味精、植物油

做法 ①水发海带洗净，切丝；豆腐洗净，切丁；粉丝入锅煮熟；以上原料加入葱姜末、精盐、味精、植物油搅拌均匀，制成馅料。②取烫面团搓条，下剂擀皮，包入馅料，做成包子生坯，上笼蒸8分钟即成。

·饮食一点通·

皮薄馅足，健康营养。

肉丁豆角包

用料 豆角、发酵面团、牛肉、葱姜末、酱油、花椒水、精盐、味精、植物油

做法 ①豆角洗净切丁，焯水过凉；牛肉切丁，加入葱姜末、酱油、花椒水、精盐、味精、植物油拌匀成馅料。②取发酵面团下剂擀皮，包入馅料，上屉蒸10分钟即成。

> ·饮食一点通·
>
> 营养丰富，色泽诱人，味美鲜香。

猪肉小笼包

用料 发酵面团、猪肉泥、葱姜末、精盐、酱油、鸡精、植物油

做法 ①猪肉泥中加入葱姜末、精盐、酱油、鸡精、植物油，顺一个方向搅拌均匀，制成馅料。②发酵面团搓条，下剂擀皮，包入馅料，做成包子生坯，饧发后上笼，旺火蒸15分钟即成。

> ·饮食一点通·
>
> 润肺和胃，强身健体。

水晶包

用料 澄粉、面粉、香葱、熟火腿、精盐、鸡精、香油、猪油

做法 ①熟火腿切碎；香葱切末；火腿末、香葱、香油、精盐、鸡精一起拌匀成馅。②澄粉加面粉拌匀，倒入沸水，随倒随搅，拌匀后加盖闷15分钟，取出揉匀，加猪油揉光滑，制成水晶面团，搓条，下剂擀皮，包入馅，做成包子生坯，入蒸笼以旺火蒸熟即成。

> ·主厨小窍门·
>
> 澄粉学名小麦淀粉，用其制作点心，皮面会呈透明状。一般在大型超市的淀粉区可以买到。

红糖三角包

用料 发酵面团、红糖、植物油

做法 ①发酵面团搓条，下剂擀皮；红糖加少量水搅拌至稠，再加植物油拌成馅料。②馅料包入皮中，做成三角形包子生坯，饧发后上笼，小火蒸15分钟即成。

> **·饮食一点通·**
> 益气补血、健脾暖胃。

鸳鸯饺

用料 韭菜、鸡蛋液、虾皮、红薯泥、油菜末、烫面面团、植物油、精盐、味精

做法 ①韭菜洗净切碎，加入鸡蛋液、虾皮、植物油、精盐、味精拌匀，调成馅料。②取烫面面团搓条，下剂擀皮，将馅料包入皮内，捏成鸳鸯状饺子生坯，在两边分别酿入红薯泥、油菜末，上笼蒸熟即成。

> **·饮食一点通·**
> 烫面、韭菜不易消化，有胃病者应少食。

白菜元宝水饺

用料 冷水面团、白菜、肥瘦猪肉丁、葱姜末、精盐、味精、酱油、香油

做法 ①白菜洗净剁碎，加入香油、肥瘦猪肉丁、酱油、精盐、味精、葱姜末拌匀成馅。②取冷水面团揉匀，擀成大片，切成梯形小片，包入馅料，做成元宝形水饺生坯，放入沸水锅中煮熟即成。

> **·饮食一点通·**
> 清热解毒，消肿止痛，调和肠胃。

煎萝卜饼

用料 白萝卜、面粉、精盐、味精、花椒盐、香油萝卜削皮洗净，切丝，加面粉、精盐、味精

做法 ①和适量水，搅成糊状，做成圆饼坯。②平底锅倒香油烧热，放入饼坯煎成黄色，翻身再煎另一面，待饼熟透，盛入盘内，与花椒盐同时上桌即成。

·饮食一点通·
清肺止咳，利水通淋。

煎槐花饼

用料 嫩槐花、鸡蛋、面粉、葱姜末、精盐、五香粉、花椒盐、淀粉、鸡汤、植物油

做法 ①嫩槐花洗净，切末，加葱姜末、精盐、五香粉、鸡蛋、面粉、淀粉、鸡汤，拌匀成槐花面糊。②平底锅倒油烧至四成热，舀入槐花糊摊成饼，两面煎至金黄，取出摆盘，撒上花椒盐即成。

·饮食一点通·
滋阴润燥，清肝明目。

韭菜合子

用料 韭菜、面粉、猪肉馅、虾皮、细粉丝、精盐、胡椒粉、植物油

做法 ①粉丝用温水泡软，切碎；韭菜洗净，切末；虾皮洗净；猪肉馅加入精盐、胡椒粉拌匀腌渍15分钟，放入热油锅炒香，加入粉丝、韭菜、虾皮拌匀，制成馅料。②面粉加沸水制成烫面团，稍饧，下剂擀皮，包入馅料，封口收边，呈半月形，放入平锅中两面煎至金黄色即成。

·饮食一点通·
补肾温阳，补血调经，健脑益智。

家常馅饼

用料 发酵面团、猪肉馅、洋葱末、葱姜水、精盐、酱油、味精、植物油

做法 ①猪肉馅加入洋葱末、葱姜水、精盐、酱油、味精拌匀成馅料。②发酵面团下剂按扁，包入馅料，捏紧封口，压扁成肉馅饼生坯。③电饼铛内刷少许油，加热后放入肉馅饼生坯，煎至两面金黄即成。

· 饮食一点通 ·

色泽金黄，肉味鲜美。

芝麻薄饼

用料 低筋面粉、鸡蛋清、芝麻、白糖、奶油

做法 ①低筋面粉过筛，加入鸡蛋清、白糖混合拌匀；奶油加热熔化，加入面粉中拌匀；芝麻倒入面粉中搅拌均匀。②将面粉倒入烤盘内，刮成圆形，放入烤箱，上火设为170℃，下火设为150℃，烤10分钟即成。

· 饮食一点通 ·

补气养血，健脑益智。

南瓜饼

用料 南瓜、糯米粉、莲蓉馅、猪油、白糖、植物油

做法 ①南瓜去皮洗净，上屉蒸至熟烂，取出凉凉。②糯米粉加入南瓜、猪油、白糖搅匀，揉成面团，搓条下剂，包入莲蓉馅，制成南瓜饼。③平底锅上火烧热，刷适量油，放入南瓜饼煎至两面呈金黄色，见鼓起熟透即成。

· 主厨小窍门 ·

煎制时火力不宜过大，以小火为佳。

蜂糕

用料 米粉、面粉、酵母粉、白糖

做法 ①米粉和面粉混合，加白糖搅拌均匀；酵母粉用温水化开，倒入混合粉中，再加入适量温水搅拌成浓稠的面糊。②将装面糊的容器用保鲜膜密封好，放在温暖处，待面糊胀发到两倍大，放入沸水蒸锅中，大火蒸20分钟即成。

·饮食一点通·

开胃健脾，强身健体。

松糕

用料 低筋面粉、鸡蛋、牛奶、发酵粉、蜂蜜、白糖、黄油

做法 ①鸡蛋磕入碗中打散，依次加白糖、蜂蜜、牛奶，搅拌均匀（每种搅拌均匀后再放下一种），再加入低筋面粉、发酵粉，搅拌均匀；黄油隔水化开，趁热倒入面糊中，搅拌均匀。②烤箱预热到200℃，将面糊倒入模具中，放入烤箱，烤15分钟即成。

·饮食一点通·

健脑益智，促进发育。

吉利饼

用料 糯米粉、奶黄馅、澄粉、白芝麻、吉士粉、白糖、猪油、植物油

做法 ①澄粉用开水烫熟，加入糯米粉、吉士粉、白糖、猪油混合搅匀。②将和好的糯米粉团下剂，包入奶黄馅，蘸上白芝麻，压扁成生坯，入热油锅中煎至两面呈金黄色即成。

·饮食一点通·

润肺健脾，滋补肝肾。

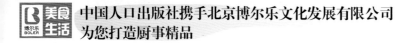

中国人口出版社携手北京博尔乐文化发展有限公司
为您打造厨事精品

美食在每刻 生活添欢乐

1088系列

川湘美食汇系列

小菜谱系列

回归厨房——为最爱的家人烹制健康！